精准努力

简单易行的微习惯养成手册

［日］美崎荣一郎 著

崔童 译

民主与建设出版社
·北京·

© 民主与建设出版社，2021

图书在版编目（CIP）数据

精准努力 / （日）美崎荣一郎著；崔童译 . -- 北京：
民主与建设出版社，2020.12
　ISBN 978-7-5139-3287-5

　Ⅰ . ①精… Ⅱ . ①美… ②崔… Ⅲ . ①习惯性－能力
培养－通俗读物 Ⅳ . ① B842.6-49

中国版本图书馆 CIP 数据核字（2020）第 211781 号

本书简体中文版由北京竹石文化传播有限公司出版

版权登记号：01-2020-6732

精准努力
JINGZHUN NULI

著　　者	[日]美崎荣一郎	
译　　者	崔　童	
责任编辑	吴优优	
封面设计	焱　玖	
出版发行	民主与建设出版社有限责任公司	
电　　话	（010）59417747　59419778	
社　　址	北京市海淀区西三环中路 10 号望海楼 E 座 7 层	
邮　　编	100142	
印　　刷	唐山市铭诚印刷有限公司	
版　　次	2021 年 3 月第 1 版	
印　　次	2021 年 3 月第 1 次印刷	
开　　本	880mm×1230mm　1/32	
印　　张	6	
字　　数	110 千字	
书　　号	ISBN 978-7-5139-3287-5	
定　　价	42.00 元	

注：如有印、装质量问题，请与出版社联系。

我想每个人身上都会有一些想改却怎么也改不了的习惯。这本书将为你介绍如何改掉这些难缠的习惯，为你的努力定位一个精准的方向。

不过，既然可称其为"习惯"，意味着这件事已陪伴你很长时间，深深植根于你的生活之中。所以有时努力改变习惯后，却又不小心重蹈覆辙也是很常见的。

◎时间总是不够用

◎做不到规整收纳

◎沉迷于玩手机

◎与他人攀比

◎一味地拖延

◎说别人的坏话

以上这些习惯都是应该纠正的不良习惯，这一点我们都心知肚明，那为什么就是无法彻底改正呢？

首要原因是不知道改正的方法，另一个原因是贪图安逸，难以做出改变。

明明心里很清楚这样不好，而且也吃了这些习惯的亏，却总是改不掉。这背后正是上述原因在作祟——一想到改掉习惯实在是件费心费力的事，自己就下意识地排斥。

我们对安逸就是爱得如此深沉。

但是，只要稍稍调整一下思考角度，我们都能打心底里认为：

"只要能过得比现在更好，每个人都可以改变自己。"

这本书中整理的方法全部都是为了帮助你放弃坏习

惯,让你过得比现在更好。

另外,考虑到可行性,本书还专门挑选了轻松无负担的方法。如果一个方法难以实行,不管它的最终效果如何,那它也是没有价值的。

乍一看,这些轻松无负担的方法可能令人怀疑:"真的有用吗?"请放心,每个方法都是经过我亲身实践检验得出的。

毕竟我是一名彻头彻尾的轻松主义者。使用电子工具、开办论坛……我做这些事归根结底是为了活得更轻松。

一提到轻松,人们可能会联想到偷懒、偷工减料等消极印象。其实,轻松的精髓在于避开无意义的事情和吃亏的事情,让人生不留遗憾。

这样看来,轻松和高效可以说是一对孪生子。两者的目标是一致的。只是高效听起来有些机械和冷冰冰,轻松则听起来更振奋人心,所以我选择了后者这一说法。

在工作、生活、人际关系和思考方式上,改掉令你蒙受损失的各种坏习惯，你就可以更轻松地享受人生。

准备好，放轻松，开始迎接改变吧!

美崎荣一郎

目 录

第一章　提高工作效率

第二章　告别废柴生活

第三章　改善人际关系

第四章　突破思考方式

第一章
提高工作效率

○ 仔细思考顺利的原因和失利的原因

○ 准备合适的工作填补空闲时间

○ 分解工作，然后制作工作手册

办公桌一直乱糟糟

"那份文件放在哪里来着？"

"找不到今天要交的资料！"

这些慌慌张张的场面在办公室可不少见。找东西太浪费时间了——虽然知道这是个坏习惯，却还是改不掉。

应该有不少人都是如此吧。

我曾这样询问过一些公司职员："现在你的办公桌是什么状态呢？"多数人回答："桌面和抽屉里都是一团乱！"

一项调查显示，人们每年在工作中要花150个小时用来找东西。许多受调查者表示："明明很想收纳规整，但不知不觉间就搞得乱糟糟的。"

到底为什么办公桌会变得乱糟糟的呢？

虽然这多少和人的性格有些关系，但主要原因在于工作太忙。还没来得及收拾就又接到新的工作，文件在桌子上越堆越多。等到回过神来，发现文件已经堆成了山，再一倒塌，办公桌自然会乱糟糟的。

忙碌→无暇收拾→工作效率降低→更加忙碌⋯⋯

陷入这种恶性循环可就糟糕了。不但难以脱离，而且随着工作增多，工作效率会越来越低。

要想脱离这种恶性循环，我们需要**强制"大扫除"**。

其实，方法十分简单。那就是把堆在桌子上的杂物、现在用不到的东西一口气都扔进一个箱子里。

像这样，**把乱糟糟的"元凶"关进看不见的地方就好了**。你的办公桌马上就会变得干干净净，你的心情也会跟着如释重负。

当然，这只是应急措施。

不过，只要桌子上少了杂物，每天就不用再为找东西浪费时间，工作效率自然也会大幅提高。如果在桌子上看不到你需要的东西，这时候再翻箱子就可以了。

把杂物丢进箱子之后，先把这个箱子放置至少一周，等到时间充裕时再来整理箱子里的东西。

这时候，你可以回想一下在放置期间自己有多少次打开了箱子找东西。你会发现，其实这个箱子里的杂物没怎么派上用场。

也就是说，原先堆在桌子上的杂物大多是无用之物。认识到这一点后，下一步就是整理箱子中的杂物，爽快地放弃派不上用场的东西。

整理结束后，把留下来经常用到的东西再摆回办公桌上。

需要注意的是，不能把桌子百分之百摆满，摆到**收纳量的百分之八十**就够了。因为一旦占用了百分之百的收纳量，马上新的工作资料就会堆满，那么你的桌子又会被打回杂物堆成山原形。

另外，把东西摆回桌子上时，请用心考虑东西的摆放位置。橡皮擦放在这里，笔放在那里……决定好每个东西

的固定位置，使用过后也要放回原先的位置，这样能节省不少找东西的时间。

请想象一下棒球比赛的场景。是不是给人一种整齐划一的印象？

这是因为比赛规则对球员的防守位置有着严格的规定，每位球员都站在固定位置上。就像安排棒球球员一样，我们也可以将经常使用的东西放到固定的位置上。

 养成新的习惯吧

每个月进行一次大扫除，只留下百分之八十。

对自己的习惯始终如一

"始终如一"虽然乍一听是件好事,但其实是不知变通的表现。在这个日新月异的时代,不知变通的益处寥寥无几。

话虽如此,不过不论是工作方式,还是平日的生活习惯,我们无法轻易改变这些早已养成的习惯。

毕竟比起改变习惯,顺应习惯绝对是更轻松、自然的选择。只要坚持一贯的做法,我们就能驾轻就熟,避免意外。总而言之,对自己的习惯始终如一,可以高效、零压力地达成目的。

这样看来,只要没有坏处,继续坚持习惯似乎也没什么问题。

尽管循规蹈矩并没有让事情更加顺利或便利，但是改变习惯仍会被视作需要付出大量精力的下下策。

我们对维系现状的执着就是如此强烈。

然而，在这个瞬息万变的时代，就算某种做法在现在看来颇具优势，它也总有落伍的一天。

下面以推销商品和服务的广告为例。

互联网广告费年年增长，现在已经轻松超越了报纸和杂志的广告费，正在逼近电视广告费。

尽管互联网广告十分昂贵，但如果一直死守传统的广告模式、不开拓互联网广告平台，公司将会面临何种后果并不难想象。

个体也同样如此，**我们必须跟上时代发展的速度，定期更新自己的习惯**。

可是，就算明白了做出改变的重要性，实际改变坚持已久的习惯还是十分困难。下面我将推荐几种方法。

第一种方法是强制自己换掉或者更新常用的东西，比如工具和软件。

只要已经习惯的事物无法使用，我们就不得不学着使用新事物。

而工具和软件正好都是越新越便利。

哪怕一开始用起来不习惯，一旦适应以后就无法想象没有它们的工作和生活会是什么样了，从老式手机换成智能手机的时候我们都有这样的体会。

使用的东西变了，相关的做法和习惯也自然随之产生变化。

其实人的心理也是一样的。先强迫自己改变行为，那么心理就会受行为影响渐渐产生变化，这就是为什么我会推荐第一种方法。

话虽如此，不排除一些顽固分子只要不百分百信服就不愿做出改变。对于这类人，我推荐第二种方法。

第二种方法是先找出很久没有变动的习惯，比如工作的模式、策略、原则等。**然后在网上搜索有无更好的替代做法。**

你会发现不少尝试新做法后取得优秀成果的案例。许多人不会止步于仅仅自己获益，还会热心地分享自己改变做法的经历并且给出建议。

通过了解他们的经历和想法，想必会更容易下定决心放弃旧做法吧。

退一步讲，就算不彻底丢掉原先的做法，你从上述方法中学到的经验也能帮助你改进目前的做法。

不过，网上的信息真假掺杂，质量参差不齐。对此有顾虑的话，你可以只参考署了名的文章、书籍、杂志等来源可靠的信息。

在这个时代，工作上的做法和习惯没有永恒不变的正确答案。

"这样做永远没问题"是不可能的。所以请不断优化自己的做法吧。

养成新的习惯吧

升级你所使用的工具，做法、想法也会随之改变。

沉湎于成功经历

好事情往往令我们印象深刻。成功经历也是如此,每次回想起来都能让我们心情变好。但是如果不多加注意,成功经历反而会产生负面影响,绊住我们的脚。

与"对自己的习惯始终如一"类似,忘记成功经历也是一件难事。

举个例子,有的上司和前辈因为曾经取得了不错的成绩,就事事都把经验搬出来套用,这就是所谓的沉湎于成功经历。

面对这样的上司和前辈,我们会不禁想:这都是多少年前的事情了。可是沉湎于成功经历的人却丝毫意识不到不妥。

因为他们认为成功过一次的做法一定会永远有效,丝毫不认为这是在盲目依赖过去的经验。当然，我也可能掉进这样的陷阱，所以我会多加注意。

如何多加注意呢？在着手曾有类似成功经历的工作时，我不会照搬过去的经验。因为每次成功的背后都有时机、自己未察觉的来自周围的帮助等不确定的要素存在。

具体的做法是，第一步，我们可以列出成功经历中的顺利要素和失利要素。比如工作应酬中的顺利要素和失利要素：

在包间用餐后商谈过程非常顺利。

店家提供了种类丰富的日本酒，对方很高兴。

约定好在附近的车站碰头，但是人太多了，没能找到对方。

列出要素后的下一步是思考顺利和失利的原因。

·包间内安静，所以对方能安下心来听我的提案。

·恰好是一家对日本酒颇为讲究的店家。

·没有事先问出对方的手机号码，所以当时无法联络对方。

像这样回顾一遍成功经历后，就会发现：即使再去同一个地方应酬，也无法保证第二次成功。

因为即便地点和店家不变，一同就餐的人却不一样了。也就是说，既然条件已经改变，我们自然无法照本宣科地复刻曾经的成功。

这就是为何沉湎于过往的成功经历是一种坏习惯。

正确对待成功经历的诀窍是**分解成功经验，仔细考虑哪些是可以通用的要素，哪些是需要根据条件做出调整的要素。**

调查好环境安静的店家、打听好对方在饮食上的喜好、问清楚对方的联络方式、保证随时都能联系上对方……在思考的过程中一定可以总结出规避失败的方法。

反过来想，缺少成功经历也是件好事。因为这样就不会被过去的成功经验绊住脚，避免先入为主地看待问题和思考方案。

养成新的习惯吧

仔细思考顺利的原因和失利的原因。

拖延向他人致歉

　　我想大家都有过拖延致歉的经历吧。自己犯错而给客户添了麻烦、对后辈的态度太过严苛……即使知道是自己有错在先，也无法马上低下头道歉。

　　为什么我们会拖延致歉呢？这是因为道歉时对方可能正在生气，可能会责备自己，甚至对自己产生坏印象。就是因为不想遭受这些烦心事，所以才拖延致歉。

　　实际上，如果不想惹对方生气和被责备，**尽快道歉才是上上策**。

　　越早道歉，对方对你的斥责就会越轻，说不定反而能留下好印象。

反过来讲，拖得越久，对方的不满就积累得越多。等到你好不容易下定决心登门致歉时，等待你的会是对方的"火山爆发"。被对方的愤怒和不满洗礼后，你可能会对致歉产生抵触心理，陷入不断拖延致歉的恶性循环之中。

所以，尽快致歉才是正确的做法。一直以来习惯拖延的人在尝试及时致歉后，应该都可以体会到不拖延致歉的好处。

需要注意的是，道歉的方式也是有讲究的。如果不多加注意，你的致歉可能反而火上浇油，把不拖延的好处都抵消了。

在致歉时最需注意的是**审视当下的状况，换位思考对方的感受**。在看电视剧和电影时，总有一些人物和情节惹得我们不耐烦。比如"明明把话说全就没问题了""在这个关键时刻怎么能不提到那件事呢"，我想我们都做出过类似的行为。

这是因为在看电视剧和电影时，我们可以冷静理性地分析状况，对角色换位思考。致歉这件事也是同理，"旁观者清，当局者迷"，当自己变成当事人时，冷静理性地做出判断就没那么简单了。

为了克服以上难点，我们需要经常练习。具体的练习方法是**模拟练习法**。

在机场、车站和酒店大堂这些地方，经常遇见正在致歉的人和正在气头上的人。

这时请先试着站在致歉者的立场上在心中模拟道歉。

然后从局外人的角度冷静地观察致歉者和被致歉者，你能看到被致歉者生气的理由和举止，还能发现致歉者的妥当之处和不妥之处。

这一系列练习令你收获的经验能在你成为当事人时派上用场。

就我自身而言，我在观察他人的致歉后也有所收获。我发现一个人即便在心里想要百般推诿，在致歉时也不能以推卸责任和找理由开场，这样做绝大部分情况下只会落得火上浇油的下场。

正确的致歉流程应当是：首先诚恳地道歉，然后提出改善对策。在对方要求你详细说明后再解释过失的原因和来龙去脉。

出于保护自己的本能，人人都会下意识地先为自己辩解和开脱。其实，如果你放低姿态，对方反而不容易对你发火，也不容易对你采取强势态度。就算是发火和斥责，程度也会轻得多。

上文所说的与对方换位思考，换句话讲就是不要把对方看作敌人而要看作伙伴。在这一前提下构思你的致歉就基本没问题了。

我并不擅长致歉，当然，我也不希望陷入需要向人致歉的境地。

不过，因为致歉和被致歉都是在生活中经常见到的场景，所以每次我都抓住机会进行模拟练习和积累经验。

在这个过程中我明白了，等我变成当事人时一定**要抓紧时间向对方道歉，站在对方的角度组织语言**，令对方易于接受。

　　只要对以上要点和正确的道歉方式谙熟于心，你对致歉的抵触心理就将迎刃而解。

　　改掉拖延致歉的坏习惯想必也是水到渠成。

养成新的习惯吧

　　消除对致歉的抵触心理的方法是尽快致歉。但是千万不能用辩解作为致歉的开场白。

总把"太忙了"挂在嘴上

总把"太忙了"挂在嘴上，说明你经常没有足够的时间完成工作。那么仅仅戒掉"太忙了"这一口头禅只是治标不治本。

所以，为了帮助如此忙碌的你从根本上解决问题，下面为你推荐避免时间紧张的诀窍。

那就是有效利用被你白白浪费的时间。找出工作中零碎的空闲时间，然后用这段时间分摊合适的工作量，这样"太忙了"的状况就会有所缓解。

举个例子，等待时间可谓极具代表性的一种空闲时间。

　　我们无法掌控等待时间的长短，所以它最容易成为被白白浪费的一段空闲时间。

　　比如开会时，上司迟迟不到场是常有的事。上司迟到10分钟，而且在上司到来之前会议都不会开始。这时我们不免感到烦躁，开始与同事闲聊、看手机……做一些可有可无的事情消磨时间。就这样，这10分钟的空闲时间被白白浪费了。

　　为了有效利用空闲时间，**请先预想你可能碰到的空闲状况，然后事先准备好填充空闲时间的工作**，这就是本节介绍的诀窍的重点。

　　我们都清楚利用好碎片化的空闲时间如何重要。但是真正陷入空闲时，我们往往无动于衷，或者这时才开始考虑应该做点什么事情，这可算不上是对空闲时间的有效利用。

　　平日里我们就该留心哪里潜藏着空闲时间，做好预测。然后事先准备好在空闲时间要做的事情，预先安排好可以有效利用空闲时间的工作量。

与人会面前的时间往往是等待时间。如果我们前去拜访他人，那我们一般会提前5分钟到场。如果是他人前来拜访我们，我们也会提前5分钟做好准备等待对方。

在路途上也有不少等待时间。如果要乘坐东海道新干线，在车站等待乘车的时间一般为10分钟以内。如果要乘坐飞机，进入机场后到坐上飞机之前估计要花30分钟至1小时。

只要你事先为空闲时间安排好工作内容，类似以上几段由于等待而空出来的时间就可以得到有效利用。

当然也有无法预测、突然降临的空闲时间，但这也难不倒我们。只要我们意识到有突发情况出现的可能性，然后为突发情况也安排好工作即可。

那么什么样的工作适合填补空闲时间呢？比如要有效利用会议前的等待时间的话，我们可以打开手账或者管理日程的手机软件，确认和审视手头上的项目进程，这样就足以填补和利用这段空闲时间了。

虽说花上大段时间去做需要思考的工作不失为一个

好主意，不过在碎片化的时间中也能意外地诞生一些好点子。

例如，调整行程的工作就可以放在空闲时间去做。现在在手机上就可以确认未来的行程，然后用手机软件轻轻松松地搞定预约酒店和飞机票的工作。浏览一些需要过目的文件也可以在较短的空闲时间内完成。

同样是等待时间，但是实际状况可能有些微不同，比如坐着开会和站着等待公交和地铁，各自适合进行的工作也不尽相同。但这些实际情况也在我们的预测范围内。

在平时安排工作行程时别忘了顺便安排好空闲时间，把空闲时间变为有效时间，想必你的忙碌程度会减轻许多。

养成新的习惯吧

预测空闲时间，准备合适的工作填补空闲时间。

对自己没信心

有时我们对自己的能力抱有消极看法：我肯定做不了这种事，我的能力也就到这种程度了，不能再挑战更难的事情，因为挑战伴随着失败的风险。

一旦失败，很多人不免陷入失落。可以想象人们会因为不想受到打击所以不敢去挑战，毕竟不去尝试就不会受伤。

但是，挑战过后的失败其实并不是真正的失败。我们可以把挑战过程中遭遇的失败看作一种试错的结果。所以，失败实则意味着你离成功又近了一步。

真正的失败其实是拒绝挑战，还未开始就选择放弃。

因为拒绝挑战等于拒绝进步。

像这样改变一下看待失败的角度，你对失败就不会那么抵触了。

话虽如此，成功前不断经历失败、坚持试错绝不是一件易事。即便算不上彻底的失败，如果一直遭遇不顺，也容易受挫而中途放弃。

面对这种状况，保证自己坚持下去的诀窍就是**请别人为你加油鼓劲**。有了他人的鼓励，坚持试错和超越自己的极限就变得容易许多。体育运动便是这方面的典型。

那么，怎样才能请他人鼓励你呢？方法是**首先默默地付诸行动，然后一边告诉他人你的付出和坚持，一边向他人请教经验**。

这个方法源于我的亲身经历。

曾经，我的梦想是成为一名作家。不过，在成为作家之前，我先实现了我的第二个梦想，成了一名工程师。我想着自己不可能一边上班一边写作，就这样为自己设立了界限。

大家可能认为成为作家的门槛很高，其实曾经我也是这样想的。不过，后来我的想法发生了改变。"是不是因为我觉得自己做不成作家，所以才觉得这件事很难？"——自从有了这样的想法后，我开始为实现作家梦付诸行动。

具体而言，我采取的行动有：向撰写商业书籍的前辈请教写作经验，请畅销书的编辑为我讲解编纂和售卖书籍的流程。

通过积极行动和努力坚持，我如愿获得了上班族和职业作家的双重身份。如今，我的作家生涯已有10年，这本书是我的第42部作品。

只是想要成为作家，换句话说，不为实现梦想付诸行动的话，自然任谁也无法得到写作的机会。告诉大家我想要成为作家，然后坚持向周围的人请教不懂的问题，我才实现了成为作家的梦想。

只要不对自己设限，坚持付出行动，机会总会降临到自己身上，周围的人也会帮自己加油打气。

就算担心自己做不到，只要心里有一丁点儿挑战的愿望，就尽管尝试吧。坚持下去，然后向周围的人也宣布自己的挑战目标。你会意外地发现许多人愿意支持你，为你保驾护航。挑战途中遭遇的艰难曲折不算是真正的失败，反而是提示你正在接近成功的信号。把从周围接收的鼓励化作你前行的力量，朝着实现梦想前进吧。

养成新的习惯吧

不管如何先开启挑战，然后告诉大家你的挑战目标，接受周围人的鼓励。

总想发个邮件了事

随着聊天软件和社交媒体等（比如电子邮件和微信）电子通信工具的发展，人与人之间的社交距离已不同以往。

比如，即使与某人多年没有当面往来，还是可以借助社交媒体保持联系，在社交媒体上互相了解近况。而且就沟通的效率而言，电子通信工具也比传统沟通方式便利得多。

但是，不管再怎么便利，如果一味依赖电子通信，你就会掉进意想不到的陷阱中，即沟通质量下降。

要想避免沟通质量低下，你需要掌握的诀窍是从对象的沟通热情着眼选择沟通工具。**最能提高对方沟通热情的自然是面对面交流这种非电子沟通手段。**

在某公司进修时，一名管理人员曾向我透露："有个部下当时明明就坐在我附近，却还是用邮件向我申请带薪休假。"

不可否认，请假这种事情在邮件里就能解释清楚。而且有人不好意思当面向人请假。

但是，在双方的实际距离可以实现面对面沟通的情况下，还是当面交流为好。不管是写邮件还是开口交谈，两种方式耗费的时间相差无几。既然如此，为了提高上司的热情，面对面沟通自然是更好的选择。

更确切地讲，与其说是为了提高上司的热情，不如说是为了避免用邮件沟通导致热情下降。

你也许会疑惑：真的有必要在乎上司的沟通热情吗？其实，如果你用心经营上司对你的沟通热情，那么日积月累之下你在工作上将有更多机会获得上司的帮助。

许多人都察觉了上述道理，但还是容易为了一时的便利而依赖电子通信工具。那么不如对比一下电子和非电子沟通工具的优劣，然后在不同场合选择最恰当的沟通方式。

①电子工具【电子邮件·聊天软件·社交媒体】

沟通速度极快。不用特意考虑对方是否方便交流。但是不适用于向对方传达大量信息。

②非电子工具【面对面交流·电话沟通】

可以向对方传达自己的诚意，从而提高对方的沟通热情。适用于传达大量信息。但是耗费时间和精力，而且需要挑选对方方便的时机。

再有，打电话虽不及当面沟通，但与文字相比还是能生动地表现语气和传达更多的信息。

而且，非电子通信的一大特征是只要不录音或者记笔记，沟通的内容就无法留存，因此这也是你获取珍贵信息的机会。

话虽如此，其实也不必一概选择非电子沟通方式，不然会导致沟通效率过低。即便只与对方见一次面，之后都选择电子工具沟通，对方也能够结合对你的印象去理解你发来的文字。有了当面交谈的印象后，简短的邮件也不会被对方理解成冷淡，而会认为是你太忙了。

如今，虽然电子通信工具迎来全盛时期，但是面对面沟通依然意义重大。所以请注意适时地采取面对面沟通方式吧。

养成新的习惯吧

面对面地沟通，更能提高对方的热情。

对工作提不起干劲

如果没有外界的刺激，人的干劲一般而言会逐渐下降。恐怕没有人可以一直保持动力满满。但是不巧的是，在你缺乏干劲时，又会有不做不行的工作落到你头上。

这时应该如何化解矛盾呢？下面为你介绍解决该问题的诀窍。

第一个诀窍是用计时器，**先工作5分钟**。这5分钟只处理这份工作的基础部分即可。为了减少倦怠和抵触，你可以在身旁摆好点心和咖啡等，然后放松地开展工作。

这样做的目的并不是让你手头上的工作取得多么大的进展，而是推动你对抵触的工作迈出第一步。

试着花上仅仅5分钟，即使你不愿干活，这也不难做到吧！

从我亲身经历来看，实际上只要开了头儿，尽管只有5分钟，我往往也会顺利进入工作状态。在这种情况下，就算过了预定的5分钟，顺其自然地继续工作就好。这时你已经跨过了因为缺乏干劲而无法开展工作的难关。

有人说干劲这种东西只能从行动中孕育。换句话说，没有干劲时才常常需要行动起来激发干劲。

假使你尝试了5分钟的工作，却还是没有进入工作状态，那也不必继续坚持。

需要注意的是，这时你应当把这5分钟的经过记录下来。事后回顾半途而废的工作记录时，你会不禁想：工作剩了一半感觉好别扭啊，把它做完吧。

以上介绍的是解决缺乏干劲的第一个诀窍，下面介绍第二个诀窍。

第二个诀窍是**先用别的方式激发干劲，然后借着这股劲开展你提不起干劲的工作**。比如听一听能让你情绪高涨的音乐，然后顺势开始工作吧，你会意外地发现这份工作没那么令你抵触了。

当然，不一定必须是音乐，只要能达到让你情绪高涨、鼓起干劲的效果，什么方式都可以。

比如你喜欢的工作也可以作为一种选择。先做一做你喜欢的工作来进入工作状态，然后再切换到你不太喜欢的工作中去，这也不失为一个好方法。

只要鼓起了干劲，就算是讨厌的工作也能自然而然地顺利开展，这样的案例不在少数。

第一个诀窍和第二个诀窍还可以结合使用：

做30分钟有干劲的工作→做5分钟提不起干劲的工作→做30分钟有干劲的工作→做5分钟提不起干劲的工作……

如此循环往复，你会渐渐地对抵触和倦怠的工作也提起干劲，然后顺势一口气解决。

干劲这种东西是等不来的！

无论采用何种方法，试着做5分钟也好，或是通过其他事情激发动力也好，先提起干劲再动手做令你倦怠的工作吧。

 养成新的习惯吧

没有干劲时试着先做5分钟，用来激发动力。

忘记记笔记

自从智能手机普及以来，动笔记笔记的人明显减少了。大多数人已经没有了携带纸质笔记本和手账的习惯。

取而代之的是录音笔记。不少人在开会时用录音笔或者手机录音。虽然录音确实很便利，但是不再动笔做笔记会带来不少损失。

录音笔确实能把会议内容一句不落地记录下来，可是再听一遍就等于参加两次会议，要花费双倍的时间，实属浪费时间。

而且在你听录音时如果还不写笔记记录要点，那你听这一遍录音也没有多大意义。

不记笔记意味着你要全靠自己的记忆，忘记、记错的风险是很高的。在职场中，基于可能有误的信息开展工作可是一项危险的举动。

越是善用电子工具的年轻人，越倾向于不记笔记。这样的人办事容易掉链子，事后想检查确认也无笔记可以考证。再怎么擅长电子办公，在发挥本领之前却因为这种小事绊住脚就太可惜了。

有了笔记的话，之后看一眼就能及时检查和改正，还能帮助加强记忆。如果开会时记好笔记，之后便可以快速整理好会议记录。至于录音，只要回放需要着重确认的地方即可。

一定要注意，事后需要回顾的要点都应该当场记笔记。打电话商量工作后出现的问题，绝大部分都起因于只听不记。

那么怎样让自己不忘记记笔记呢？

诀窍是彻底降低记笔记的难度。

比如，如果一直惦记着让笔记看起来规整、漂亮，就会提高记笔记的难度。

其实你的 **笔记不需要多么好看，只要自己能读懂就 OK**。像涂鸦一样的笔记也没有问题，所以抱着随便写写的轻松心态记笔记就好。

至于记笔记的地方，可以用笔记本或者小一点的便签，平时在工作中注意随身携带。打印纸容易散乱，所以不推荐重复利用打印纸的背面记笔记。

再怎么高质量的笔记本都肯定比手机便宜。而且，有了记笔记的过程，等你回顾笔记时就能快速地回忆起工作的大致样貌，可以说你的笔记具有很高的性价比。

不仅仅要对口头传达的工作记笔记，面对用邮件发来的、内容复杂的工作时，我们也可以记笔记整理工作思路。

潦草的笔记也足够帮助我们厘清工作安排。只要对工作有明晰的认识，假设要再次开展之前做到一半的工作，也能迅速地找回状态，顺利推进工作。

如今，人人都能在网上检索他人的知识和经验，可是我们自身的经验在网上是检索不出来的。只有把自己的知识和经验记成笔记，我们才可以对其检索。

虽说检索笔记本中的内容肯定不如检索电子记录便捷，但是**我们可以按照时间顺序排列笔记，这样应该就可以根据自己的日程检索笔记了**。

就算是几个月前、几年前的工作，只要能找到当时的笔记，就可以借鉴经验开展工作。所以笔记也算是一种提高工作的重现性、稳定工作质量的工具。

养成新的习惯吧

降低记笔记的难度，自己能够读懂，按时间做好排序就OK。

一个人承担所有工作

　　独立完成所有工作确实是一件了不起的事情。可是，工作能力强也不必一个人承担所有工作。

　　如果其他人也能胜任的话，就拜托他们帮助你吧，这样你可以节省出时间专注于其他工作。

　　特别是当手头上的工作明显超出你的承受能力时，就不要硬是独自一人承担了，这样可无法保证工作质量不会下降。

　　实际上多数人会选择独自承担所有工作，不会拜托他人帮忙。采取这种做法的原因大致有三点：

· 一个人完成的话速度更快

· 嫌拜托他人太麻烦

· 担心他人做事的质量

如果这三个原因说中了你的心思，那么本节可以帮助你打消顾虑，让你学会拜托他人分担工作。

为了让你放弃独自承担工作的坏习惯，你要掌握的诀窍是**分解工作**。

第一步，把自己的工作列表化，然后思考一下这些工作中哪些是着急的，哪些是不着急的。着急的工作还是亲自完成比较好；至于不着急的工作，有些可以分给他人。

第二步，按照工作步骤分解不着急的工作。设想你是团队的负责人，你要主持团队的进度会议。

这时你的工作步骤可以分解为：

· 会议前汇总团队成员上交的资料

· 为成员分发资料

·会议当天的日程

1. 听取成员们对工作进度的报告和想法；

2. 做总结；

3. 决定下次会议的时间和讨论主题。

你是否发现了呢？除了会议当天日程中的第2项和第3项以外，其他工作步骤都不必由你亲自完成。甚至决定下次会议时间的工作也可以由他人完成。

所有的工作都可以**细分出工作步骤**，请把这些步骤仔细地写下来吧！这样，你就可以一目了然地区分哪些是必须由你完成的工作，哪些是可以由他人完成的工作。

而且，如果再进一步细化工作步骤，你甚至可以写出一本工作手册。

比如，"会议前汇总团队成员上交的资料"这一步可以细化成"在距会议开始前一周时发送提醒邮件，在资料提交截止日的前一天再次发送提醒邮件。在邮件中写清楚各成员需要提交数据……"详细到这种程度的话，就相当于一本工作手册了。

　　把工作步骤手册化后用于参照，你的工作负担就能减轻了。一提起工作手册，不免让人想要制作得尽善尽美。其实一开始不用做得多么完美，先写出一些条目有个大致的雏形，在之后的工作中不断研究和完善即可。

　　一本工作手册便足够推翻"嫌拜托他人太麻烦"和"担心他人做事的质量"这两个理由，你无法拜托他人分担工作的难题就迎刃而解了。

　　请一定尝试一下以上诀窍，分解你手头上的常规工作和临时工作吧。通过以上诀窍，厘清必须由你亲自完成的工作，把其他工作交给他人完成，节省出的时间用于提高工作质量。

 养成新的习惯吧

分解工作、制作工作手册，然后让他人与你共同分担。

第二章
告别废柴生活

接触必需信息和意外信息

以凡事提前一小时为标准来规划行动

想好明天早上要做的开心事再睡觉

钱包里塞满了小票和积分卡

有的人钱包一直被小票和积分卡塞得满满的。持有的积分卡太多了，导致搞不清楚积分卡的存放位置。明明就把积分卡带在身上，需要的时候却找不出来。

小票上附带的打折券如果不用就扔了的话太可惜，所以留了下来。结果越攒越多，想起来用时却发现已经过期了。

为什么我们会像上面那样，把小票和积分卡攒起来呢？因为有不想浪费的心理在作祟。但是，如果不会整理它们，倒不如把它们都丢掉，保持钱包的整洁。

积分卡的积分转换率通常在1%左右。比如消费10 000

元，存入100积分。如此高额的消费只是少数情况，一般花的钱都要比这少一些吧。再者，积分卡不能共用，每个店一张。这些积分卡不仅会塞满钱包，而且每张卡里可能也就存上几十积分。在不知不觉间积分又过了期，那办卡存积分的意义何在呢？

不如干脆把积分卡都扔掉，结账时不用再磨磨蹭蹭，钱包也会一身轻松。

虽说如此，扔掉积分卡不代表你从此与积分无缘了。最近，在手机上攒积分的系统已经得到普及。**利用好手机上的积分系统，照样可以顺利地攒积分。**

与钱包不同，手机可以省去翻找的时间，还不占空间。不仅如此，手机上的积分系统还具备搜索功能，在上面可以立马找出你需要的优惠券。

不过，使用手机代替积分卡时，有一点需要注意。

那就是把有关积分的软件都放在手机的同一页内。积分和电子支付相关的软件都应该集中于同一画面内，软件太多时就按照店家的分类建立文件夹，比如快餐店、药店。

<u>**经常使用的软件可以不放进文件夹里**，而是留在首页</u><u>上</u>。需要使用时就能马上点开，十分方便。

不仅如此，你还可以结合语音功能优化使用感。换句话讲，<u>**用语音启动软件**</u>。只要说一句"启动松本清软件""启动PayPal"，或者"启动罗森积分软件"，就能把软件打开，省去了在手机上找软件的时间。

为了避免在人前使用语音的尴尬，你可以在进入店里之前用语音唤醒软件，进入店里后马上就知道有哪些优惠券可以用，拿完商品后干脆利落地结账。

再者，支付也可以用手机解决，连钱包都不需要带了。免去掏现金尤其是找零钱的步骤，能节省出大量时间。

以前在便利店用现金结账是理所当然的。但是后来随着公交IC卡的普及，用卡触碰读卡器就可以完成支付，不过这种情况还需要特地给IC卡充值。

到了现在，已经有可以自动充值的卡或者软件供我们使用，钱包和现金越来越淡出我们的生活。越来越多的商店实现了无现金交易。

　　并且，手机软件可以直观显示积分的有效期限和余额，对消费历史也留有记录，完全消除了保存小票的必要。考虑到小票上附带的优惠券，你可以规定自己只留下一周内一定会派上用场的小票，其余的小票当场丢掉。总之，积分和优惠券不要再放在钱包里，学会用手机管理它们吧。

养成新的习惯吧

用不占地方的手机软件管理积分和优惠券。

减肥和学习语言总是半途而废

好不容易下定决心开始减肥或者学习语言，结果中途被挫折击倒。我想这种情形对大家而言并不陌生。我自身也经历过好几次这样的挫折。

不过，我们只要搞清楚遭遇挫折的原因，就能减少失败的可能。

导致减肥和语言学习半途而废的理由其实是缺少决心。

如果决意要达成目标，那就**为你实现目标定一个期限吧**。

比如想要减肥的话，就根据你喜欢的歌手的演唱会日期定下某月某日之前一定要减肥成功。

想要学习英语的话，可以将海外旅行作为通过托业考试^①的奖励。请注意，你需要给自己规定的不是花费多长时间，比如三个月、半年、一年，而是一个具体的最后期限，比如某月某日。

另外，**让周围的人也知悉你的目标和期限，最好再找到一名可以共同努力的伙伴**。这样你会更容易实现目标。

比如找到和你一起去演唱会的伙伴一起努力减肥，找到和你一起去海外旅行的人一起努力学习英语。

拥有一名朝着同一目标前进的伙伴，你们会不自觉地不想被对方落下，而且既然身边的人已经知晓了自己的目标，那么我们不努力也说不过去。最重要的是，你们可以共享一段奋斗经历，互相鼓励，一起朝着目标前进。

那么，当你实现目标后，比如演唱会结束后和海外旅行结束后，该做什么好呢？

———————

① 译者注：即 TOEIC（Test of English for International Comunication）国际交流英语考试。

确实，演唱会前瘦了五公斤，演唱会结束后体重又有可能反弹。不过，既然你是以参加演唱会为目标减肥，那么演唱会结束后的体重变化其实并无大碍。而且，即使你没有成功达到目标体重或者分数也不要气馁，只要你取得了一点点受人认可的成果，就庆贺自己的成功吧。

如果你还想继续坚持，那就向你的伙伴提议明年再去一次演唱会或再去一次海外旅行，然后与你的伙伴共同努力吧。

需要注意的是，在你朝着目标努力时，一定不要一开始就用力过猛，而且任何时候都不要勉强自己。

一开始就全力冲刺的话，你会用尽余力。勉强自己的话，你迟早会受到后遗症的影响。

总而言之，不让减肥和语言学习半途而废的诀窍是每天努力一点点。

减肥的话，就每天称一下体重。

如果发现体重增加了，就改变自己的食谱和进食时间；如果发现体重顺利减少了，就继续当前的生活方式，

像这样渐渐地控制减肥的节奏。

仅仅每天站上体重秤，对自己的体重有个把握，就能收获与什么也不做相比大相径庭的结果。此外，用减肥相关的手机软件记录自己的每日体重也是个好方法。

学习英语同样也可以用手机软件每天学习一点点。单词也好，短语也好，**每天记住一点点即可**。

值得注意的要点是，把学习英语的软件放在每天一定会打开的软件旁边，比如微信和邮箱。这样的话，在你想要打开微信时就能看到旁边的学习软件，起到提醒自己学习的效果。这也是在不勉强自己的前提下持之以恒的一个窍门。

养成新的习惯吧

定下达成目标的期限，找到一同努力的伙伴。

在资讯网站的新闻上浪费时间

当你需要查找资料时，互联网的检索功能显得十分便利。另一方面，检索结果中容纳了十分庞大的信息量，这些信息的质量参差不齐，这也是互联网的弊端。

而且资讯网站上显示的新闻已经过大数据算法的计算，多是最适合你、最令你感兴趣的内容，所以你很少能在网站上找到你原先不了解的、有参考价值的信息。

也就是说，如果你漫无目的地在网络上查找资料，实际上你可能只是在围着几条内容雷同、质量低下的信息转圈。

互联网赋予了所有人平等地、便捷地获取信息的权利。但要是论起每个人是否都获取了高质量的信息，那就是另一回事了。

想要摆脱被低质量信息围绕的状况，你需要掌握的诀窍是确保**既能获取必需的信息，又能意外获得有价值的信息。**

具体而言，首先讲一讲获取必需信息的方法。

有的快讯功能可以帮助你获取必需信息。在其中输入你感兴趣的关键词、期望的推送频率、媒体，设置好后你会收到符合条件的文章摘要和链接。

就我个人而言，我每周都会收到一次与我曾经就职的花王公司相关的新闻推送。现在我正从事商品开发的咨询工作，所以我也把"商品开发"设置为了关键词，并接收相关新闻的推送。这些推送有助于我了解新商品和新闻报道过的开发物，对我有极大的参考价值。

开始使用这一功能后，你会发现你浏览只显示几条热点新闻的资讯网站的频率明显降低了。你不仅能了解热点信息，更重要的是你相当于拥有了自动为你推送必不可少的信息的专属信息源。

至于分辨信息质量的方法，如果是实名提供的信息，那么信息提供者对信息内容负有责任，所以这条信息的可信度会高一些。

另一方面，要想接触意料之外的信息应该怎么做呢？

我推荐的方法是开通可以阅读多种杂志（比如D Magazine）的服务，在等待公交和坐上公交后的时间里适当地读一读杂志。

至于阅读的顺序，尽量**先从自己不熟悉的杂志、自己不怎么接触的领域的杂志开始读起**。

平时经常阅读商业类、生活类和IT类杂志的话，可以读一读平时不会购买的女性杂志。不需要仔细阅读，只要随意地浏览，然后留心阅读你感兴趣的内容即可。

即便都在刊登有关电子支付的内容，商业类杂志多从技术角度切入，女性杂志则多从家计的角度切入。通过阅读多种类型的杂志，你可以拓宽看待问题的视野。另外，阅读将棋杂志还能了解到罗森官方账号具有下将棋的功能，这是只有涉猎将棋领域才会知道的IT类信息。

通过这一方法收获的信息既可以存储起来，也可以在社交媒体上分享出去。

只要肯下功夫，你一定可以过滤掉无用的信息，收集到高质量、高价值的信息。

养成新的习惯吧

努力接触必需信息和意外信息。

在公交上一直看手机

　　坐上公交后不自觉地一个劲儿地盯着手机看，这可以说是现代人的通病了。

　　先刷一刷社交媒体，再刷一刷邮件，或是打一打游戏消磨时间。

　　没有什么东西比手机更适合消磨时间了。

　　本该是不去现场就无法听到的专业歌声，现在只要戴上耳机就能如身临其境。再打开视频软件，连演唱现场的视频都能观赏。

　　本该是旅行途中才能欣赏到的美景，现在只要打开社交软件，就能看到朋友们分享的美景图片。

即便不坐在桌前奋笔疾书，动一动指尖就能免费向全世界的朋友们发送消息。

如此多的便利之处，只要体会过一次就肯定不愿放手了吧。

当然，你无须放弃手机。但是时间是有限的，你需要放弃的是不自觉地在手机上浪费时间的坏习惯。

虽然这听起来很有挑战性，不过只要你下一些功夫就不是什么难事。

第一个诀窍是在手机软件的屏幕位置上下功夫。

比如，为了防止下意识地刷社交软件，把这类软件放在某个文件夹的最里面。像这样**增加打开软件的难度**，那么你使用这些软件的频率自然会降低。

反过来讲，一些提供优质内容、对你有益的软件可以放在显眼处，比如新闻软件等。

像本书所记的杂志软件就可以放在手机和平板的显眼位置。

比起社交软件上的内容，杂志和报纸上的内容都由记者实名撰写，耗费了时间和金钱，所以质量和可信度更高一些。也不是说朋友间分享的内容就毫无价值，不过盯着朋友分享的一日三餐看，除了让你变饿也没什么用吧！

相反，新闻记载了最近发生的热点事件，可以让你对社会发展动向有所把握。这些信息说不定与你的工作业务有关，能够帮助你在工作上取得进展和突破。

资讯网站上多是根据大数据算法向你推荐的新闻。这些新闻的标题和内容专门吸引你去点击，然后基于点击数盈利，实际上它们的内容质量可能不佳。所以，在此不推荐你浏览资讯网站。比起去资讯网站，还是去立场明确的新闻媒体的官方网站能够学习到高质量的信息。

而视频网站和短视频社交软件上会一个接一个地蹦出为你推荐的内容，且这些内容具有很强的娱乐性，所以会吸引你不自觉地看起来没完。

其实问题不在于这些内容本身，而在于无缝弹出的机制。下次再遇到这种情况，就用计时器为自己设定一个时限吧。

事先定好看多久就结束，计时器响起时你就能及时止住。对待游戏也是同理。游戏作为调节心情的一种方式，虽然不错，但也需要适可而止。既然不设定时限，就会一个劲儿地玩下去，那么就用上计时器，强制自己到时即止。

总而言之，为了不在看手机上浪费时间，你需要下点儿功夫以最高效的方式使用手机。尝试以上方法后，你应该就能脱离漫无目的地刷手机这一坏习惯了。

养成新的习惯吧

下点儿功夫杜绝闲着没事刷手机的行为。

总把时间卡得紧紧的

眼看着就要过了和朋友约定好的时间，这才匆匆赶到。人人都想避免这种局面。在路上因为担心会不会迟到而坐立不安，即便按时赶上了也是差一点点就迟到了，一旦陷入这种局面想必你也很难游刃有余地完成你本该办的事情吧。

特别是在大城市里，每一趟地铁都按照时刻表准时到达，所以大家习惯卡着时间赶地铁。但是一旦去了别的城市，时间习惯就要改变，比如要乘坐去往机场的巴士时，大家都自然而然地提前至少5～10分钟等待巴士，大部分人都能做到这一点。

那么，如何改变平时把时间卡得紧紧的坏习惯呢？诀窍是**把到达时间往前调**。

许多人在路途中会使用地图软件查询车次，然后按照时刻表赶车吧。你要做的是把你的到达时间提前一些。

需要注意的是，不要只提前5～10分钟，而要提前至少**1个小时**。有时你确实有脱不开身的会议，提前这么久可能不太现实，除这样的个别情形外，你应该以把到达时间往前调1个小时为标准来制订你的行程。

比如，要乘坐国内航线的飞机时就距离值机停止前1小时到达机场。再比如，坐公交前往目的地时就距离预定时间前1小时到达目的地。只要以提前1小时为基准规划你的行动，就算有突发情况，你也有足够的时间应对。

这个方法的好处在于能够有效减少路途奔波的疲劳。以出差为例，早一点的车次空座位比较多，而且你也不用提着很重的行李拼命赶时间了。

当然，为了提早出门，你需要早起。但是既然能够避免因赶时间而多耗费体力，还能在车上补觉，那早上少睡一会儿也不算什么了。

有了足足1个小时的空余，那么就算你错过了第一班车也不用紧张。这时你可以在附近逛一逛平时很少光顾的店铺，有效利用这段空出来的时间。如果卡着时间赶车，可做不来这些悠闲的事情。

咖啡馆、机场、酒店的大堂、便利店的就餐区等，这些地方的环境都适合在外办公。提前1小时到达目的地后可以先在这些地方处理工作，这样既不浪费时间，又避免了路途上的慌乱。

上班时也可以使用这一方法，提前1小时出勤。

提前1小时到达公司后，你可以提前开始工作，也可以先忙一些别的事情。

既能为公交延误等意外情况留出余地，又能避免高峰时期的拥挤，为你的身心减少负担。你就能一身轻松地着手工作。

那么还剩下最后一个问题，就是何时能调整好自己的习惯。把日程提前1小时听起来很有难度，不过只要尝试

一次你就会发现其实没有想象中那么困难。请一定尝试一次，把自己体内的时钟调快1个小时，养成凡事提前的习惯吧。

 养成新的习惯吧

以凡事提前1小时为标准来规划你的行动。

没完没了地看电视

想顺便看看现在几点了，于是打开了电视，结果一不小心就看起来没完，回过神来发现自己已经在电视前坐了几个小时。你是不是被说中了？

虽然现在有了电脑和手机，大部分人在渐渐远离电视，可是电视台花费时间和金钱打造的优质内容，还是让人无法说舍弃就舍弃。电视上的内容终归还是有着让人着迷的吸引力。

有目的性地看电视还好，如果是漫无目的地看电视，只会让你在不知不觉间浪费本就宝贵的时间。

看来有必要为大家讲解一下改掉这一坏习惯的诀窍。

人们会出于各种原因打开电视，所以我会针对不同情况讲解诀窍。

针对为了确认时间而打开电视的情况，你应该**在电视上挂一个时钟**。挂上时钟后，在你看向电视时时钟也会进入你的视线，也就是说仅仅看向关着的电视你就能确认时间，自然就没有打开电视的必要了。

为了看天气预报而打开电视的情况也很常见。但毕竟天气预报不会随时播放，所以人们会换一换台随便看会儿电视，一直等到天气预报播报。要解决这种情况，你需要借助**智能音箱**。

"今天的天气如何？"

只要向智能音箱这样提问，它就会告诉你天气预报。

配有大型液晶显示屏的智能音箱可以让生活更加便利。就算你没听清它的回答，屏幕上也会显示出天气标志供你确认。除此之外，配备显示屏的智能音箱还可以作为时钟使用。

在出差前，你也可以向智能音箱问一句："大阪的天气如何？"这样，即使你身在东京，也可以知晓大阪的天气状况。

智能音箱上搭载了各种各样的功能，不过我个人觉得仅仅天气预报这一项功能就值回本了。

因为对电视上的节目不感兴趣所以不停地换台，这也是一种浪费时间的行为。

如果不是有非看不可的直播，那我推荐你**录下节目**，只看录像的话能节省不少时间。如果对一个节目不感兴趣，那再看看其他录像就好了。这样你就无须来回换台了。

而且节目一结束录像也就结束了，你就不会没完没了地看下去。

你喜欢的电视剧、世界杯、奥运会、职业棒球赛等运动赛事，实时收看这些节目时通常带有明确的目的，所以没什么问题，你还是可以继续守在电视前看这些节目的直播的。

带有目的性地看电视不能算是坏事。毕竟电视的存在意义是供人娱乐，所以错误不在电视本身。

错误在于漫无目的地一直看电视，这是一种浪费时间的行为。你需要改掉这一坏习惯。

 养成新的习惯吧

从实时收看改为看节目录像可以节省时间。

无休止地上网冲浪

在上网时渐渐忘记了时间,回过神来发现已是半夜。某种程度上,网络比电视更容易上瘾,上网比看电视更让人难以停止。

电视节目不会永远播放,到了一定时间就会结束。但是在网络上你可以无休止地浏览感兴趣的内容。网络可以让你尽情沉浸在自己的兴趣中,所以无法说停止就停止。

可以说网络就好比驱使人类好奇心的禁果一般。

当然,我不是说你再也不能上网冲浪,只是说无限制地上网冲浪会产生问题。每天熬夜上网会损害你的身体健康,而且本就宝贵的时间不应该被全部投入上网冲浪中,我们应该更高效地规划时间。

为了改掉这一坏习惯，我推荐的诀窍就同本书前面所说的一样，那就是**设定好计时器后再上网冲浪**。只要能做到这一点就没问题了。

上网前先设定好15分钟的计时，然后再开始上网冲浪。

视频网站和短视频社交软件会一个接一个地弹出推荐内容，虽然很便利，但也容易令人越陷越深停不下来。不过，只要你设定好了计时器，15分钟后闹铃响起时，你就可以以此为契机结束浏览。

网络视频不像电视节目一样有播出时效，只要你想看，随时都可以播放。所以这一次没来得及看的视频可以等到以后再看。

我也在使用这个诀窍限制自己的上网时间。

刚开始时，我曾经把没来得及看完的页面收藏起来，或者把链接保存起来。但是现在我已经不这么做了。

因为如果是我真正需要的内容，那么下一次我自然还会去搜索；如果是一些无关紧要的内容，那么我少看了它们也并不会对工作和生活产生影响。

不如说，这样正好舍弃了会扰乱我正常工作的杂音和多余信息。

还有，手机浏览器上的历史记录我也会全部删除。

在限定时间内享受上网，时间到后就及时停止。我只会把能在工作中派上用场的内容以PDF的形式保存在网盘里，除此之外，基本上所有内容都在15分钟内处理完。

我推荐的处理方法是用邮件和社交网络把信息分享出去。

这样做之后既能留下历史记录，又能从分享对象那里获得意想不到的反馈。

可以进行一些与工作有关的分享，比如看到有关自动驾驶的新闻后可以与汽车行业的熟人分享，看到书评后可以与作家朋友分享。

还可以分享与私人生活相关的内容，比如和去过印度的朋友交流你看到的关于印度的情报，和朋友分享你看到的新鲜事等，在不断联系中15分钟一眨眼就过去了。

如果还想继续上网的话，可以再设定一次计时器，15分钟时间到了就结束。15分钟足以浏览大量信息，也足以满足你的好奇心。

每次不要贪多，等到再度涌起兴趣和好奇时再设定好计时器，开始新一轮的上网冲浪吧。

 养成新的习惯吧

设定好计时器，每次只上网冲浪15分钟。

冲动购物后陷入懊悔

冲动购物不完全是一件坏事。

有时候，第一眼相中的商品买回来后却觉得派不上用场，很少使用，心想着要是没买下来就好了。这种纯属浪费金钱的冲动购物才是真正的坏事。

只是，人人都明白这个道理，却很难改掉这一坏习惯。

毕竟厂商花费了各种心思来引导你消费，比如做广告、美化包装等，一步一步地诱导你购物。

而且，每次换季时商家都会举办换季促销活动，进一步诱导你进行消费。

我自己也不例外，经常在不经意间冲动购物。但是为了避免犯下错误，我特地培养了一个新习惯。

我的新习惯就是**在有冲动购物的想法时先深呼吸，想象一下自己未来使用该商品的画面。**

主要想一想什么时候使用和怎样使用，你会意外地发现自己的购物欲望得到了缓和。

详细来讲，首先你要想象自己何时开始使用买下的商品。

是一周后，三天后，还是三个小时后？想到答案后，你可以等到临近使用时再来购物，毕竟到那时购买商品也不迟。

如果你觉得你三天后才会使用，那就再给自己留出两天的考虑时间。

多给自己一点儿时间考虑买不买，既不花钱，又能避免冲动消费，何乐而不为呢？

如果碰上限时促销活动，必须当下决定买不买，否则就没有下次机会时，你需要想象自己会怎样使用该商品。

　　想一想你使用该商品的画面或者向朋友炫耀该商品的画面，没准你的脑中会浮现一些令你不愉快的情况。

　　比如和你朋友的衣服撞衫，虽然东西使用起来很便利，可是和你已经拥有的东西不兼容、太占房子的空间……当你想到这些负面情形时，下一步再想想你会如何处理这些情况。

　　当你想象自己使用商品的情形后，有时你的购物欲望会冷却，有时你的购物热情反而会越燃越旺。

　　每件你想要的东西基本上都有利有弊，所以需要你在购物前深思熟虑。考虑会不会造成浪费，多一道思考程序反而是一种节省。

　　另外，你不必一个人考虑，可以和**朋友当面或者发消息商量**，而且这样做其实很有趣。兴奋地和朋友探讨你感兴趣的商品有何不可呢？

　　其实，在真正买下商品之前才是一个人最为享受购物的时候。经过一番想象和与朋友的交流后再买下商品，这时你已经充分享受了该商品给你带来的乐趣。

就算你没买下商品，你也已经享受了种种乐趣。

所以下次你的脑中再浮现"我要买"的想法时，先打

住，试着尽情发挥你的想象力吧。

 养成新的习惯吧

购物之前先空出时间深思熟虑。

经常丢三落四

"咦……啊！忘记那个了！"

你是不是也有过这种经历，动不动就丢三落四？

我们通常只会在脑中检查一遍自己有没有忘记东西，这样很容易有遗漏。

所以改掉丢三落四的坏习惯的诀窍就是不在脑海中检查。

对付丢三落四的最有效的方法是**制作一张检查清单**。

就我个人而言，我有一本专门用来记录检查清单的记事本，是一本很小的活页笔记本。我在每页上记录着不同场合的检查清单。

使用活页笔记本的便利之处在于，你可以自由更改页面的位置，比如把还需要使用的检查清单移动到最前面。

把检查清单特地写在记事本上还有其他好处。

试想，由我主持的晨间例会上每次要用到的东西基本上都一样，活页笔记本上的记录清单只要写一次就可以重复使用。只要看着写好的东西就可以检查遗漏，节省了思考的时间，能让你轻松不少。

当然，有时你也需要追加检查清单的内容。

这在活页笔记本上也很容易实现。你可以随意增加页面，记上追加的内容，不断升级你的检查清单。

有些人可能连看一眼检查清单这件事都能忘记。这样的人最好先为自己**培养检查确认的习惯**。

比如每天起床后先洗脸、换衣服，然后看检查清单。像这样把确认检查清单纳入你一天的固定流程中。

如果这样还不够，我推荐你试一试**待办事项邮件**。

也就是说给自己发送定时邮件，邮件里写明你的待办事项和检查确认的时间点，到点后你就会收到邮件来提醒自己检查有没有丢三落四。

使用手机中的日程管理软件也可以达到同样的效果。只要设定好提醒时间，你的手机就会响起闹铃和弹出你此时该处理的事项。

除了制作检查清单外，还有一个帮助你克服丢三落四的坏习惯的方法是**准备一套物品组合**。

在相同的场合使用的物品大多是固定的，所以你可以把这些物品作为一套组合放在一起。

比如，我专为演讲准备的物品组合包含笔记本电脑、电源线和投影仪连接线，我把这几样东西一起放在一个小包里。

除了像笔记本电脑这样的大件以外，小东西只要用在百元店就可以买到的塑料自封袋装起来就行了。

再比如，出差时用到的衣物我会装在洗衣网内。

只要事先把物品组合分类，在出差地的酒店内就不用

手忙脚乱了。而且换下的衣物既然都放在洗衣网里，那就

可以直接清洗了，十分便利。

养成新的习惯吧

重要的事物不要只在脑海中确认，最好让自己
不用思考就能直观地检查遗漏。

睡过头后迟到

你是否总是赖床到最后一刻，然后早上手忙脚乱，甚至迟到?

我也会忍不住赖床，但是我却不会早上慌慌张张，更不会迟到。

这是因为我对起床时间的定义与多数人不同。

大多数人都是从该出门的时间逆向推导出起床时间，这样推算出来的起床时间本就很紧张，你起床后自然会时间不够用。

而我则不是根据出门时间推算出起床时间。

我会为了第二天一早要办的事情设定起床时间。

当然，在早上能干脆利落地从床上爬起来，对我来说也是一件难事。为了克服起床的难题，我会在头一天晚上就提醒自己要确保充足的睡眠时间，**考虑好第二天早上可以做的喜欢的事情、想做的事情和重要的事情**，然后带着这些想法进入梦乡。这样就能让起床变得更加容易。

考虑好第二天早上就能享受到的乐趣尤为重要。

比如第二天要去海外旅行，为了不错过航班，大部分人就算再不习惯早起也能按时醒过来。

人只要有了起床的目的，而且那又是给你带来乐趣的事情的话，就有动力起床了。

利用这一点，我们可以掌控生活的节奏。

比如，当你购置了新物件后，当天晚上不要拆封，特地留到第二天早上再拆封。

购买了新的家电、手机、衣服、杂货、化妆品后，你一定迫不及待地想要拆封试用，但是一定要忍住。

如果平时的起床时间是6点，为了给拆封和试用留出时间，你可以更早一点起床。如果要花一个小时来拆封和试用，就5点起床。

　　不过，不能因此削减睡眠时间而对身体造成伤害，所以头一天晚上你要早一个小时就寝。

　　如果你没有留到第二天早上再拆封的话，你很可能沉迷于摆弄新东西而忘记了时间，耗到很晚才睡，第二天早上肯定很难起床。毕竟头一天晚上就已经提前享受了乐趣，自然失去了起床的动力。

　　如果事情没做完，那可以下一次再早早起床后接着完成。

　　把读书、查看朋友发来的消息这些事情都当作每天早上送给自己的礼物，留到每天早上去做。

　　安排好早上可以享受的乐趣，这样你会意外地发现自己能干脆利落地起床。

　　早上一起床就能收到礼物。有了这样的想法后，早上你就能蹭地一下起床了。

 养成新的习惯吧

　　想好明天早上要做的开心事后睡觉。

不由自主地吃太多零食

工作中和在家时会不由自主地吃一些零食，我想你一定有过这种情况。而且这时候吃进去的零食多是高糖、高卡路里的食物。

如果你极少吃零食的话，倒没什么问题；但是如果你每天都喜欢往嘴里塞一些零食的话，你就有必要改一改这个习惯了。

比如用下面这个诀窍改掉坏习惯怎么样？

每次吃之前一定要用手机把食物照下来，然后把照片发送给关系好的朋友。

邮件的内容可以是这样的："哟！我要暴饮暴食了！

（附件照片：奶油和巧克力满满的蛋糕）"

顺利的话，你一边吃着一边就能收到朋友的回复。吃零食时独自一人的情况居多，所以我们要特意给他人发信息，收到回信再回复朋友，就会让我们暂停进食。

渐渐地，你的进食量会减少。我们之所以吃多是因为一口气吃得太快，还没反应过来就都已经吞进肚子里了。所以只要中途多次停下来，放慢节奏，你就能在刚好吃饱的时候停下来，不会吃多了。

总而言之，该诀窍的重点就是在独自一人吃零食时，请别人来干扰你的进食，这样可以多次暂停进食，不会因为狼吞虎咽而吃得太多。

就算不发信息，**分享到社交媒体**上也是可以的。我经常在社交媒体上分享食物的照片，要么是因为被美味感动而分享，要么是为了警示暴饮暴食的行为而分享。

如果暴饮暴食的频率过高，周围的人会向我表示关心。

这样的话，本该是一个人偷偷地暴饮暴食，也会被迫在意他人的眼光。所以你吃归吃，但是吃之前一定要拍下来，然后发送给朋友或者分享到社交媒体上。

话说回来，其实频繁地吃零食说明你需要释放压力和消除疲劳。要想改掉吃零食的坏习惯，必须从根源下手。

对此，我推荐的诀窍是，把你的压力等级替换成食物的卡路里。这样你就能直观地感受你囤积了多少压力。

首先，查一下自己今天吃进去了多少卡路里。不用太细致，计算到百位数就足够了。比如290卡路里就看作300卡路里吧。

如果一天超过2 000卡路里，自己就要提高重视了。偶尔一次倒还好，如果频繁如此，就说明你囤积了过多压力和疲乏。

积累压力和疲乏是没办法的事情，但是用吃零食和暴饮暴食的方式宣泄压力就有问题了。请找寻其他方法来缓解压力和疲乏吧。

运动锻炼挥洒汗水就是个不错的方法；去按摩和做水疗也能放松身心；改变发型和做美甲也能帮助你转换

心情。

　　频繁地吃零食是压力和疲乏的信号，所以请你找到对

身体有益的放松方法吧。

养成新的习惯吧

告诉他人你正在吃零食。

第三章
改善人际关系

- 改变你下意识使用的话语
- 用柔和的词语修饰你要谈的正事
- 在平日里坚持记下对方的喜好

总是在说"不好意思"

"不好意思"是一个万能词。

收到精美的礼物时可以说一句"不好意思"。

冒犯到对方时可以说一句"不好意思"。

和别人一起通过狭窄的道路时可以说一句"不好意思"。

然而,"不好意思"这个词还是不用为好。

因为一个劲儿地说"不好意思"会令我们陷入思考停止的状态,渐渐地难以向对方准确传达我们的心情。

收到精美的礼物时,除了"不好意思",还有表达感谢的"十分感谢"可以使用。

同理，冒犯到对方时，你还可以说"失礼了""对不起"。

通过狭窄的道路时，你还可以说"我要经过您身旁了，请小心"。

如果不论表达感谢或是歉意时都使用"不好意思"，那是不是有种敷衍的感觉呢？

若想用语言表达你的真情实意，你应该针对不同场合选择最恰当的言辞。确实，"不好意思"是可以下意识使用的万能用语，但是它不足以传达你的感情。

试着封印"不好意思"这句话吧。当你想说"不好意思"时，忍住冲动然后考虑别的说法。

如果想不到恰当的说法，就观察你身边的人是怎么说的吧。我想每个人身边都有一两个擅长表达的人。

或者想一想身边有没有邮件和书信写得好的人，你可以参考他们的表达。

一定有除了"不好意思"以外的说法可以准确表达你的感情。

只要**丰富你的表达方式**，你所传达的感情就能更加丰富。

不仅能传达更丰富的感情，还能锻炼你表达不同内容的能力。

除了类似"不好意思"，这样的万能用语还有"加油"。

所以，接下来也请你封印"加油"吧。

"加油"是一个可以在支持鼓励他人时使用的万能用语。但是，真正在努力的人是对方而不是自己。没有真正出力的人却大声喊着"加油"，是不是有一种袖手旁观的不负责任感呢？

所以，当你想要鼓励对方时，请不要说"我们一起加油吧"，也可以说"我们一起埋头苦干吧"。

有意识地**把平时说惯了的话语替换成更精确的表达**，你就能更真挚地表达你的感谢或者歉意。

 养成新的习惯吧

改变你下意识使用的话语，丰富你的表达方式。

聊天消息看起来冷冰冰

人们常常认为，如果聊天消息里只谈正事，就容易给人机械、冷冰冰的印象。

比如，如果对方请求我们的确认，我们会回复"已确认"。

如果这是当面说出来的则没什么问题，但是只看文字的话就不免令人感觉态度冷淡。

另外，对方发来内容较长的消息时也很难办。

如果对方的消息很长，我们却只回复一则很简短的消息，那么对方自然会觉得我们粗鲁、不懂礼貌。

虽说如此，但强迫自己把回复写得很长也不恰当。

其实，我们完全可以避免简短的回复导致的失礼，以及给对方留下冷淡印象，这是有诀窍的。那就是**在聊天消息中使用一些"魔法词语"**。

魔法词语一：用"原来如此！"开头。

仅仅"原来如此！"五个字符就能表达你已经仔细阅读、理解了对方的话。这个说法虽然比"我已阅读你的消息"和"你发来的东西很有趣"更简短，却能给人一种亲近、温馨的感觉。

魔法词语二：加入感叹词。

"咦！""噢！""真的吗！""哦——"，这些感叹词短小精悍，放进聊天消息中可以让你的文字更有律动感，而且能够缓和粗鲁、生硬的氛围。

比如：

把"我很惊讶"改成"咦！真令我惊讶"。

把"受教了"改成"真的吗？受教了"。

把"原来是这样"改成"哦——，原来是这样"！

魔法词语三：借鉴你觉得不错的短语。

如果你看到别人用很短且大有妙处的词语，你可以记下来，以供日后借鉴。这也是一种方案。

虽然第一点和第二点在给上级和长辈发消息时很难实践，但是你只要明白这些方案的重点在于缓和僵硬、渲染亲和的印象即可。

如果你的聊天消息里只谈了正事，没有其他任何补充信息，那么对方可能认为你没有仔细阅读对方的话语，换言之，对方会认为你缺乏沟通的诚意。

为了避免如此，你要选取简短且能缓和氛围的词语，修饰你要谈的正事。而且它们不会增添你编辑消息的时间和负担。

该方法尤其适用于向朋友和亲近的同事发送消息的情况，使用上述类型的短语能令对方十分受用。

另外，最失礼的情况莫过于无视对方的聊天消息，不回复任何信息。所以，不要因为苦恼回复什么内容而干脆放弃，简短的回复也好，总之请回复对方。

向上司和客户发送消息时也基本上要遵循上述思路。

总而言之，如果聊天消息里只谈正事，就容易给对方冷淡的印象，所以**请加上一些亲和又不乏礼貌的词语**，令你的文字温馨起来吧。

养成新的习惯吧

用亲和的词语修饰你要谈的正事。

错过道谢的时机

以一句"谢谢你"好好地向对方道谢，那么对方自然会更高兴，我们都明白这个道理。但是有时候就是不小心错过道谢的时机。

你是不是也有过这种情况？

当我们该道谢时，就会发现道谢的时机其实很难把握。

如果在激动时立马说谢谢，有些不好意思。

如果想着把道谢推迟一会儿，又往往错过了合适的时机。

本想着第二天道谢，结果出于种种原因不得不再推迟，回过神来已经过了一星期……这都是常有的事。

在不断推迟的这段时间，其实你并没有忘记要道谢这件事。没能好好向对方道谢这件事会令你一直很在意。

明明心怀感激，却怎么也说不出"谢谢你"这句话，在磨磨蹭蹭中时间就这么过去了，直到最后你开始想"事到如今再道谢也太晚了"。

时间拖得越久，道谢的话语就越难说出口。

其实站在被道谢的一方的角度来想，**无论何时收到答谢都是一件令人开心的事情**。不论是何种方式的道谢，对方都会因为被人认真地感谢而高兴。

道谢的意义在于传达你的感谢之情，所以不用太在意时机。

话虽如此，人们也做不到随时都自然地说出谢谢。即便明白对方期待着自己道谢，却还是错过机会。

下面我将介绍让你不再错过道谢机会的诀窍。

那就是**定下一个感谢纪念日**，也就是"个人感谢日"。

比如，在母亲节我们都能向母亲道谢，在重阳节则向老人道谢。同理，你也可以制订一个专门让自己道谢的纪念日。

可以选在自己的生日或者他人的生日，或者每月末、月中、其他时候。在你选定的那一天，向身边的人表达你的感谢吧！

那时候没来得及告诉你，谢谢你送的礼物，我很喜欢！

谢谢你推荐给我那么精彩的书。

谢谢你招待我，我很享受那场活动。

为自己创造时机把感谢之情转变为话语，那么不论你自己或是对方都能怡然自得。

另外，道谢的方式不限于口头道谢，发邮件也是可以的。

比起发邮件，还是当面道谢更有诚意，有时候写一封感谢信也能达到更好的效果。

　　不过，考虑道谢的方式是后话了，现在你要做的是不再错过道谢的时机。

　　先定下一个感谢纪念日，然后把道谢培养成习惯吧。

 养成新的习惯吧

定下一个固定的感谢纪念日。

打招呼恐惧症

主动打招呼其实并不是一件简单的事。

所有的人际关系都要先从打招呼开始，尽管大家应该都希望自己能擅长打招呼吧，但现实却并不称心如意。

为什么会不擅长打招呼呢？其中一个原因是错过打招呼的时机。

比如，不好意思向正在电脑前专心工作的人打招呼。更有甚者，别说打招呼了，本来就对与别人搭话感到恐惧。

怎么做才能牢牢抓住打招呼的时机呢？

我推荐的诀窍是把打招呼当作一项任务。

换言之，**把打招呼作为一项任务加入你的日程清单。**

为了遵守你的清单，你必须与人打招呼。

每天，你都有一份记载你当日需要完成的事情的日程清单，把打招呼当作其中的一环。这样的话，你对打招呼是不是就没有太大的心理负担了呢？

打招呼后，就算对方没有回复你也无妨。毕竟这只是一项任务。关窗户√，关灯√，打招呼√……只要把打招呼看作一项单纯的任务就好。

你还可以再把打招呼的任务具化到对象上，比如：

【打招呼】

☑部长

☑科长

☑某某某

……

差不多就是这样。

对打招呼的恐惧多是起源于过分在意对方的反应。害怕对方做出出乎意料的反应，所以我们自然会对打招呼望而却步。

换言之，只要不过分在意对方的反应，我们就能自然地把握打招呼的时机。

如果期望过高，那么反而不好打招呼，而且我们自己的紧张感也会影响到对方。

请把打招呼单纯地看作一项需要在日程清单上打钩的任务，专心于这一想法。

当然，虽说完成任务是机械性的活动，但是打招呼时也不要忘记音调要活泼一点、热情一点、亲和一点。

再推荐一个诀窍，叫作"**打招呼枪手**"，这是在公司培训中经常用到的一种训练方法。

具体而言，早上第一个打招呼的人就像抢占先机的枪手一样，先发制人获得胜利。

以这种游戏一般的心态去看待打招呼的话，也能减轻你的心理负担。

总而言之，畏惧打招呼的理由多是想得太多，过于在意，结果太过紧张。

只要把打招呼看作一件普普通通的事，那么你的畏难想法就会减轻许多。

请采用任务化或者游戏化的诀窍，把打招呼变成一件平常事吧。

养成新的习惯吧

把打招呼当作一项任务。不要想太多，淡定地完成任务吧。

记不清他人的长相和名字

记住他人的名字和长相需要花费不少心思。

尤其是对于仅有一面之缘的人，我们通常记不清他们的长相。或者虽然能记住一个大致轮廓，却记不住他们的名字。

当然，也有人能够轻轻松松地把这些信息刻在记忆里。可是，记忆力不够好的人，就只能多花点心思和多付出一些努力了。对此，我也有三个诀窍。

诀窍一：通过长相相似的艺人关联记忆。

比如"和真木阳子长得很像的藤原小姐"。

关联的艺人相当于开启你记忆的开关。所以就算长得不是很像，仅仅是气质相近也未尝不可，只要有一点点相似就足够了。

还可以把他人的名字和你的直觉或者第一印象关联起来。

比如"喜欢红酒的矢上先生""来自奈良的明日香小姐"。

想要记住什么的时候，就**把目标和关键词关联起来**吧。你会意外地发现，这些关键词可以轻松地启动你的记忆。

诀窍二：**拍一张多人合照。**

这样的照片既可以留作纪念，又可以帮助自己加强记忆。

现在的手机镜头已经具备足够高的像素。即便是多人合照也能看清每个人的脸。当然，别忘了拍照之前先征得大家的同意。

把合照打印出来，然后写上每个人的名字。你可以根据收到的名片写名字，一定要在记忆还未模糊的时候做这件事。

在见面当天把长相和名字对应起来还是比较容易的，但是再过几天可就不一定了。所以请注意最好在当天完成这件事吧。

为了便于随身携带，写上名字后的照片可以贴在记事本上，也可以用手机拍下来。

条件允许的话，**画速写头像**也是个不错的办法。重点不在于画得多么好，而在于画画的过程中你会观察这个人的长相特征。

仔细观察这个行为本身就已经在不知不觉间帮你加强记忆。

以我自身为例，我通常会画出速写头像，再写上各自的座位和名字。虽说这个方法对画画的质量没有要求，但是如果你想画得更像一些的话，我写过一本介绍相关诀窍的书可供你参考。

诀窍三：**和这个人携带的东西关联记忆**。如果是有特点的东西就更好了。

比如"拿着红色Moleskine笔记本的小优""戴着动物发夹的智仁"。

这样做之后，就连在其他场所看到这些物品时你也能记起关联的人。

养成新的习惯吧

利用关键词、物品关联记忆，以及拍一张合照或是画速写头像，来帮助自己记住他人。

挑选的礼物缺少品位

试想如果别人为我们准备了突如其来的惊喜，我们自然希望收到中意的礼物。我们给别人送礼时也同样如此，都希望能挑选到对方中意的礼物，却常常事与愿违。

这是因为我们没有记住对方的喜好。

话说回来，把所有熟人的喜好都牢记在心也不太现实。

这时，**做好记录**就成了你必须掌握的诀窍。

这份记录不需要多么正式，只需要平时顺手完成就好。

比如和朋友们外出用餐时，你可以趁着这个机会主动承担替大家点菜的任务，这样你就能了解大家的用餐喜好了。

"我喜欢吃咖喱啊。我要点三份咖喱味的炸物。"

"阿根廷风味炸牛排很不错呢。还有红酒！"

把大家的要求记录下来，然后你可以根据记录内容向店员点菜。

这样，你就收获了一份宝贵的数据，那就是大家的用餐喜好。下次约会时可以约去吃对方喜欢的咖喱，或在与朋友口味接近的餐厅用餐，肯定能收获不少好感。

对方往往对自己说过的话没有印象。因为只是下意识地选择了自己喜欢的东西而已。所以像这样记下对方的用餐喜好，可以让对方感到十分惊喜。

如果没有和对方一起用餐的机会，那么还有别的策略。比如向其他人打听他们从那个人手中收到过什么礼物，或者直接问一问那个人都送过什么礼物也是可以的。

如果那个人给别人送过花束，说明他/她也喜欢花，你可以挑选花作为礼物。

同理，送出过甜点，你就送对方甜点。送出过书籍，那么你就送对方一本感人至深的书吧。

就我而言，我把收到过的礼物都拍了下来留作记录。千万不要觉得"怎么可能都记住"就因此放弃记录，留下记录是很重要的，总会派上用场。

实际操作其实十分简单。用手机给礼物照一张相，然后在感谢对方的邮件中附上这张照片。回头可以从已发送邮件中检索这张照片。

如果实在找不到对方送礼的线索，也还有其他对策，**那就是找出对方平时最看重的东西。**

比如，如果对方有社交媒体的话，你可以看一看对方以前发过什么内容，应该就能找出一些线索。

社交媒体的内容往往能反映出一个人的喜好，比如是对食物很讲究的人，求知欲旺强烈的人，还是喜欢旅游的人等。

基于这一线索再向喜好相近的朋友咨询一下意见吧。俗话说"术业有专攻"，喜好相近的人一定能向你提供不错的建议。

送礼时如果能选中恰合对方心意的礼物，对方一定满心欢喜。

所以，试着坚持记录对方的喜好吧。

养成新的习惯吧

在平日里坚持记下对方的喜好；从对方的社交媒体中寻找蛛丝马迹。

不会与人分享信息

　　每份信息都有其价值。

　　多亏了互联网的普及，现在每个人都能便捷地获取大量信息。

　　但是，互联网上充斥着海量信息，仅凭一个人无法看完，所以漏掉大量信息的情况不在少数。

　　假设你取得了对你有价值的信息，会怎么处理呢?

　　是独占，还是与人分享呢?

　　至少就互联网上的信息而言，我推荐你与人分享。

　　请试着回想一下学生时代。有人会在考试前把笔记借给大家复印，向大家讲解可能会出的试题，我想这样的同学收到了不少感谢吧。

你也像这样和大家分享信息吧！

同理，有时你收获的信息可能对自己没什么帮助，但对其他人却大有用处，这时也把这份信息分享出去吧。

如今**在网站和社交媒体上获取的信息可以便捷地与人分享**，只要复制一下网址然后发送给他人即可。

再比如文章的转推选项、网页的分享选项等，多数社交媒体都带有与人分享信息的选项。

和学生时代复印笔记本相比，现在的分享途径已经先进了许多，而且还省去了复印费，人人都能轻轻松松地与他人共享信息。

如果你认为某个人需要这份信息的话，就向对方附上这么一句话：

或许您对此已有所耳闻，不过我想这份信息也许会对您有所帮助，所以特地与您分享。

然后，你很有可能收到如下回复：

谢谢你提供这么有趣的信息。我先前还看到这样一份信息，不知道你是否知道？

我也看到了这份信息，其实这背后还有更多信息……

像这样，**对方也会向你回复新的情报**，这种情况不在少数。

每份信息都自有其价值，人人都知道发现有价值的事物不是一件易事，所以当你分享有价值的事物后对方自然想要答谢你。

你是不是也是这么想的呢？

一个人无法收集完整网络上有价值的信息，而且收集到的信息留在自己手中也不会有任何变化。

但是只要你分享出去，你手中的信息就会渐渐增加。

这样你就宛如一名信息富翁了。

正因为如今到处都溢出海量信息，所以有价值的信息，也就是恰好派上用场的信息才尤为宝贵。

养成新的习惯吧

　　把信息分享出去，你手中的信息也会不断增加。

认定自己无法与某人相处

人际往来的理想情况是只和自己喜欢的人打交道。可是现实没有如此完美。同事、客户、邻居等，生活中总是不乏令你感到不好相处的人。

而且更糟糕的是，一旦某人令你感到不好相处，你就不愿意与其打交道。有什么办法可以帮助我们越过这道难关呢？

其实，仔细想想，你每天和难以应对的人打交道的时间很短。

不如先测量一次时间吧。你会发现一天之中可能只有5分钟或者10分钟。

实际上，**不得不与其打交道是极少数情况**。而且，如果只是短时间内必须和其沟通的话，可以稍微忍耐一下吧。

"不行，短时间我也受不了"，如果你如此抗拒的话，那么请试一试下面的诀窍吧。

诀窍一：给自己准备一个小小的奖励。

比如，在与不好相处的人打交道之后，用因为价格稍高所以平时舍不得吃的点心奖励自己。

可以品尝特地在网上订购的零食、排长队后买到的高级糕点、阅读喜欢的漫画，这些都可以作为奖励。只有在与不好相处的人交往之后你才可以获得这些奖励。

有了这一前提，你会意外地不再那么抗拒和其相处。

而且，换个角度想想，不善相处的人越多，你的奖励就越多。所以这些人对你来说不再完全是麻烦，也能给你带来些许好处。

渐渐地，回过神来时你已经不再认为对方难以相处了。

诀窍二：不要独自忍受。

试想和朋友一起用餐时，如果你的菜品中出现了你讨厌的食物，你会怎么做呢？除了剩下之外，多数情况下应该会请可以吃的朋友帮忙吃掉吧。

其实，可以把不好相处的人看作你不喜欢吃的食物。

你不需要逼迫自己独自与其打交道。与其因为感到困难而拒绝和对方相处，不如向擅长与其相处的人请求帮助。

当你身边出现了不好相处的人时，找一找有没有擅长与其打交道的人，再请那个人助你一臂之力吧。这就和请朋友帮忙吃掉你不喜欢的食物是一个道理。然后你可以不断变化组合，寻找多种多样的帮手。

比如，同样是讨厌牛奶，有的人可以吃奶油炖菜，有的人可以吃芝士，有的人很喜欢酸奶。同理，在应对你讨厌的人时，试着找到宛如奶油炖菜、芝士、酸奶一样的人作为你与那个人之间的中介吧。

即使一对一的情况下你们难以磨合，如果你们之间多了一名交际对象，那么对方就能展现出与以往不同的一面。这样，你对那个人的印象也许会有所改变。

对方也一样能感受到你的表现与以往不同，对方与你的态度自然也会改变，也许会与你更加亲近。

在一对一的情况下有些话你们不方便直接告诉对方，那么可以通过中间人转述。这样你们之间的沟通质量会渐渐得到改善。

你身边一定有人能帮你与不好相处的人建立联系。只要找到了这样的帮手，就像处理不喜欢的食物一样，你就能顺利与不太喜欢的人相处下去。

养成新的习惯吧

给自己准备一个小小的奖励；请没有反感情绪的人作为中间人。

过于期待回报

长大成人后，为他人奉献的机会越来越多。

除了简单的送礼之外，替他人完成工作的情况也不在少数。

这时，就算原本只是单纯的助人为乐，我们也会不由自主地期待回报。

如果没有得到回报或者与预想的回报有偏差，我们多少会积攒一些失落和压力。而且我们深知帮助他人应该是一件纯粹的善意之举，所以也不好意思直接要求对方反过来为我们做点儿什么。

如果总是遇到这种情况，我们会一直闷闷不乐，还会对对方抱有负面情绪，搞不好连双方之间的关系都会恶化。

要是为他人奉献不是一件善意之举而是做生意的话，就另当别论了。

付出一块巧克力，你能得到100日元的回报。

付出一块糖，你能得到大约50日元的回报。

也就是说，在生意中人们会期待一定的回报。在做生意时，人们会想方设法让回报最大化。思考如何让回报最大化的策略正是做生意的精髓。

在做生意时，你可以理所当然地期待回报，这没有任何问题。

可是人际关系和做生意可谓风马牛不相及，这时过于期待回报就会产生很多问题。

既然人际关系不是做生意，那么你就**不应该对回报抱有任何期待**。

不论是在出差时买的土特产还是节日礼物，这些都不是为了做生意。这些只是你为了表示感谢而买的礼物，是纯粹的善意之举。请牢记这一点。

只是因为自己想要送点儿什么礼物，所以才会送礼。

只是因为自己想要帮助身处麻烦的人，所以才会伸出援手。

按理来讲，为他人奉献时应该完全为他人考虑，没有什么能比对方的喜悦更重要。可是也有人总是不由自主地期待回报。如果你是这样的人的话，最好**把期待降到最低，连对方的正面回应都不要期待**。

像这样丝毫不去在意对方的反应的话，你就能不再抱有多余的想法，而是纯粹地为他人奉献了。

当你想要为他人做点儿什么时，请先扪心自问你的动机。是纯粹希望能为他人奉献，还是想要获得回报？

当然，现实中不乏暧昧的例子，你无法用任一选项概括所有想法。成年人的世界中总是少不了人情往来。

如果你是为了顾及人情而付出的话，自然会打着礼尚往来的算盘。

反过来讲，收到人情馈赠的人也会惦记着回报些什么，不得不挑选等值的礼物回赠对方。这种情况已经算不上正向的、积极的回应。

所以不如直接一刀切，不再出于人情为他人奉献。

既然会忍不住期待回报，那还不如一开始就不要做并非出于真心的奉献。**杜绝令自己闷闷不乐的源头**，你就能更自然、愉快地与人交往。

 养成新的习惯吧

不要对回报抱有任何期待，纯粹地为他人奉献。

无法真诚地听取他人的话语

为什么真诚地听取他人的话那么困难呢?

这是因为自尊心在作怪。

尽管程度有别,任何人的心中都有自己要比别人更优秀、更能干、更厉害的想法。

正是因为心底暗暗抱有这种想法,真诚地倾听我们瞧不上的人的话自然成了一件难事。

实际上,这些人说的话确实大部分对你来说都没有什么营养,讲的都是一目了然的事情。

可是,人们平时讲的话本来就不尽是新奇和厉害的内容。

反过来讲，如果某人的讲话内容令你感到新奇，这只能说明你之前对此毫无涉猎和了解。

一言以蔽之，讲话的主体固然重要，但更重要的是时机、场所等除了人以外的要素。

既然如此，为了自尊心而忽略某些人的话语对你来说其实是极大的损失。说不定那些被你瞧不上的人在某些时候正好说出了你需要的信息。

所以请试着不去关心讲话人是谁，真诚地听取他人的话语，说不定你会收获有益的建议和信息。

虽说如此，想必你也很难立马改变你原先的态度。因此你需要先利用以下训练方法做一下准备工作。

如果你无法真诚地听取某些人的话语，那就每天从这些人身上找到10个值得学习的地方吧。

顺利使用这个训练方法的诀窍是为自己定时，在限定时间内寻找值得学习的地方，就像做游戏一样。

领导总是花很长时间才做出决定，这说明领导是个深思熟虑的人。

后辈总能找到很多借口和说辞，这说明后辈是个想象力丰富的人。

"原来这个人身上也有值得我学习的地方啊"，只要产生了这样的想法，你就能真诚地听取这个人的话语了。渐渐地把这个训练方法培养成习惯，然后不论碰上什么样的人，你都能发现这个人身上的优点，也就变得可以真诚倾听这个人的话语。

就算是经常搞砸的后辈和讨人厌的上司，也应该有值得我们学习的优点。换句话讲，我们无法真诚倾听的真正原因在于先入为主，对对方抱有偏见。

比如，"接到10个单子"对上司来说可能是个小数目，但对新人而言可就是个大数目了。

考虑到接单所用的时间，10个单子其实也是个不错的结果。

如果你身处这种情况，不如老老实实地向上司咨询经验，问问上司究竟怎样才能拿到更多单子。

真诚地听别人的讲话能令对方感到愉悦，对我们自身也有好处。

　　所以请不要再根据讲话人是谁而选择性地不去倾听，

真诚地听取他人的话语吧。

 养成新的习惯吧

寻找他人身上值得自己学习的优点。

第四章
突破思考方式

○ 反省自己的责任更省事

○ 与过去的自己做比较

○ 尽早拒绝，对方就不会太困扰

喜欢找借口

人们犯错后一般会下意识地为自己找借口，可是实际上找借口并不会给我们带来任何好处。没有比借口更无用的事情。

所以，我们要**戒掉为自己找借口的坏习惯**，不仅如此，还要**不给别人在自己面前找借口的机会**。

比如，如果有人参加会议时迟到了的话，这时你不能问对方"你为什么迟到"，你大致能想到对方会怎样回答这个问题吧。

"公交晚点了。"

"刚刚的洽谈时间拖长了。"

"身体不太舒服。"

不论是什么理由和借口，迟到的事实都不会改变，被拖延的时间也已经无法找回。

再算上对方说明借口的时间，原定的会议时间会被推迟更多。

所以你不能抛出让对方有机会找借口的问题。其他类似的状况也是同理，一旦问起对方的理由和借口，对方就会不停地说起自己的借口。

花在听取借口上的时间，你不觉得是一种浪费吗？

那么，我们应该怎么处理这种情况呢？

正确答案是："那么我们就把被推迟的时间争取回来吧！赶紧开始会议吧！"不要找借口，也不要给别人找借口的机会，**正确的做法是一起想办法弥补错误和失败**。

不论是花费在找借口上的时间，还是为了想借口所耗费的精力，都应该用在思考解决对策上，这才是正道。

其实找借口是件相当考验脑力的工作。因为我们要把睡懒觉这种放不上台面的事情编造成一个听起来合理的理由。

　　所以，既然都要动脑子，那还不如赶紧思考解决对策，想一想是让同事帮自己填上工作的空缺，还是重新调整下午的日程来弥补丢失的时间，把脑力投入更有效益的活动中。

　　如果你意识到自己正在思考借口，赶紧说一句"对不起"来结束无意义的思考吧。

　　下一步，把"因为……（借口）"改成"那么不如……（改善对策）"，养成习惯吧。

　　所谓借口，就是为了掩饰已经犯下的错误而采取的负向思考。

　　别再找借口，把时间和精力都用在为今后考虑的正向思考上吧。

养成新的习惯吧

　　不要为自己找借口，也不要给别人找借口的机会，一起想办法弥补错误和失败。

因侥幸心理而拖延

离截止时间还有好一阵子呢，还有时间，现在还不用急着做——这么想着，然后拖延手上的任务。结果呢，总是到了最后变得慌张和焦虑。

因为觉得随时都可以做，所以现在不抓紧时间。

可是，既然随时都可以做，那么当下立马做完绝对是最佳选择。

那么，如何才能不再拖延，今日事今日毕呢？

为了改掉拖延的坏习惯，你需要大声宣告，让别人都知道你要按时把事情搞定。

比如，要写策划时，你要宣告"这月底之前我要让主意成型"。

然后别人会回复你"我很期待""加油"。他人的回应和关注会让你不禁想：好！我要好好干！你不禁鼓起干劲。

减肥也是同理，宣告后时不时会被人问起："你是不是瘦了点儿？"

一言以蔽之，为了改掉拖延的习惯，你要让他人参与进来，不再认为这件事只与自己有关。

另外，你还要详细计划完成目标前的日程，安排多个小目标的截止日期。

· ×月×日前完成十分之一

· ×月×日前完成三分之一

· ×月×日前完成一半

像这样细化你的日程，在日程本上写下你的安排。

通常情况下，我们计划日程时都写得很粗略，比如

"一个月完成""半年完成"。可是没有更详细的计划的话，随着时间的推移，你的时间观念会变得越来越模糊。这时就需要计划每个小目标的截止时间了，然后根据每个节点推进你的行动。

学习也是一样。虽然我们无法一口气把习题册写完，但是我们可以在每一章、每10页分出节点，然后定下各自的具体截止时间。如果要在10天内做完30页，那就是一天要做3页。这样一想是不是发现任务其实并不难，任务量很好完成呢？另外，即便原计划是一天3页，但我还是推荐你每天多做一点，尽量提前完成。因为人在最开始往往充满干劲，所以要把这份干劲利用起来。

当你肩负任务或者找到目标后就立马制订计划，这就是改掉拖延的诀窍。更具体地讲，你要**细心地确定多个节点的截止时间，然后根据这些时间推进你的计划**。

如果碰上别的事情，那么就不可能有时间完成你的计划。所以记着一边确认和调整其他事宜，一边把定好的时间节点记在日程本上吧。

　　既然只有到了临近截止时才会开工，那么不如利用好这一心理，设定多个细小的截止时间。在每个节点前完成一小部分的工作量，那么你也不用再慌慌张张地勉强自己了。

　　这样不断重复下去，事后再回顾全程，你会发现自己成功地有计划性地完成了一件事。

养成新的习惯吧

　　把任务分出多个节点，并且分别定下截止时间。

容易附和他人的意见

"我也是！""我也这么认为！"像这样立马附和他人的观点。

如果真的是恰巧和别人的想法一样，那倒是没什么问题。但如果是为了省事而附和别人的话，你就要反省一下了。

因为总是如此的话，你就丧失了独立思考的能力。

而且如果因为听信他人的观点而犯了什么错误，你也有了逃避的借口"是那个人这么说的"，把责任推到他人身上。

不要随波逐流，自己做决定。为此，我有一个简单的训练方法向你推荐。

几个人一起去吃饭时，如果和以往一样附和他人的意见，那么你可能会说"我也要一份一样的"。

所以，你应该**特意选择和他人不一样的菜品**。

虽然只是点菜这么一件小事，但这却是十分有效的训练。

因为点菜和工作、会议不同，你不会因为独树一帜而卷入麻烦。

既然A点了炸猪排套餐，那我就点炸鸡套餐好了。即便你的意见和他人不同，也不会引起矛盾和争执。

先从点菜做起，如果你学会了独立地做出选择，那么就继续提高难度吧。

下一个挑战是比大家都更快地点餐，**练习立马做出决定**。在A和B做出决定之前，你要做第一个点餐的人。

像这样"比其他人更快地做出决定"一开始是很难做到的，必须多花点儿心思。但是在不断练习之中，你会渐渐做到比大家都更快、更早地做出决定。

　　说到底，其实一般没有人在点餐时在意先后顺序，没有人想着自己一定要比别人先点餐，所以没有人和你竞争。只要你上心，一定能做第一个点餐的人。

　　虽说太快做决定可能会导致点到不好吃的菜品。但反过来想，避开经常点的菜品，说不定能邂逅意想不到的美味。

　　还是那句话，虽然只是点餐这么一件小事，但只要坚持练习下去，你就能在工作和其他重要场合快速、独立地做出决定。

　　随波逐流的原因除了省事之外，还可能是不想引人瞩目，想要做一个合群的人。

　　针对这个原因也是一样，只要你在他人发表意见之前先明确自己的主张，那么渐渐地你就会不那么在意周围人的看法。

　　虽然有时候察言观色、考虑他人的感受是必不可少的，但这种时候也不能完全不过脑子地盲从，而要在谨慎判断的基础上与他人达成一致。为此，你正需要用上述训练方法锻炼自己的判断能力。

　　自己做出决定然后采取行动。具备了这样的自主性，才能更充分地享受人生。不停地重复别人的行则无法培养自己的个性。通过练习比别人更快地做决定来活出自我吧。

养成新的习惯吧

在饭店做第一个点餐的人。

喜欢推卸责任

自己没有错，错误在别人身上。

出现问题后，只要把责任推到别人身上，自己就能落得一身轻松。因为既然错不在自己，那就没必要改变自己。需要做出改变的是别人。

可是，这种思维模式无法真正解决任何问题。

无论我们再怎么认为别人需要改变，我们都无法左右他人的行动。因为他们想按照自己的意愿生活。

既然如此，如何才能切实地解决问题呢？

我们要采取的对策是从自己身上找原因，改变自己的行为。

虽然乍一听很辛苦，其实比起推卸责任，还是从自己身上找原因更轻松。

人们容易因为事情不受自己的掌控而受到打击。

请想一想，自己和他人，哪一方更容易掌控？

没错，肯定是自己。

与其为了不受掌控的他人而焦虑，还不如稍微克服一下辛苦，从自己身上找原因，然后改变自己的行为。就结果而言，后者绝对比前者轻松省事。

比如，下雪天公交延误，这是谁的责任呢，是天气的责任还是公交公司的责任？

答案是都不是。责任在于你自己，因为你没有根据天气预报考虑对策。

同理，如果遭遇堵车，你也不要把责任推卸到糟糕的交通状况上，而要反省自己没有避开交通拥堵的时间段。

不论面对什么样的问题，只要用心思考，都能从自己身上找到需要改正的地方。

就算是周遭的问题也一定可以追溯到自己的行为上。

确实，有时候仅仅反省自己，也无法完全解决问题，但是比起把责任完全推卸到他人身上，绝对是反省自己更有成效。

试想，在工作洽谈时对方迟到了。

按照一般的思路，问题在于迟到的对方。但是，这时就算你追究对方也没什么意义。

所以不如反省一下自己。没有向对方发一份一目了然的地图、没有为对方提供便利的自己也有责任。再有，如果当时把自己的手机号码告知对方，那么对方就能联系上自己。如果当时请教对方的手机号码，那么自己就能事先向对方确认时间。

按照"如果自己做了什么就好了"这个思路去思考，那么你就知道下一次该怎么做了。

因为你的改变，说不定对方就不会再迟到了。

把责任推卸到别人身上确实很省事。可是，就比如迟到，如果对方是个习惯性迟到的人，那么与其抱着渺小的希望等待对方做出改变，还不如思考帮助对方改变的方法，早一点儿解决问题。

不应该把责任的矛头指向别人，而应该反省自己的责任。

养成新的习惯吧

不要推卸责任，多多反省自己。

一想到未来的事情就焦虑不安

我曾经也是一个爱忧虑的人。

在讲课中掉了一根铅笔我会担忧"今天真不在状态啊，这可怎么办"。

橡皮擦从桌子里掉了出来我也会担心"这是不是预示要有坏事发生"。

常常为了一些小事不停地杞人忧天，对所有事情都抱有消极的看法。

你可能认为这也太夸张了。确实，你想得没错，铅笔和橡皮掉落都只是小意外，没有其他的深层含义，更不可能是灾难和坏事的前兆。

可是爱忧虑的人就是会忍不住把这些无关紧要的小事情和担忧联系起来。

这种性格最麻烦的地方在于，一旦开始担忧就停不下来。这也担心，那也担心，事事都能引发焦虑。

然而，往往这些担忧并不会在未来成真。虽说如何设想未来都是个人的自由，但是因此让自己时时处于焦虑和压力之中就得不偿失了。

一想到自己可能会被朋友讨厌就陷入失落。或者，一想到自己可能会被裁员就陷入恐慌。真的被疏远或者裁员后倍感压力确实正常，但是明明什么都还没有发生却自感焦虑是毫无意义的行为。

你没有必要总是胡思乱想而让自己感到压力，这就跟认为天上有雷神在愤怒，从而感到害怕是一回事。

本来就只是装在你脑袋里的空想，也正因如此才会越想越夸张。所以努力戒掉这个坏习惯吧。

第一步，把自己担心的事情都写出来。

第二步，计算这件事发生的概率，然后把应对策略也写出来。

这样一来，你会发现其实这件事不大可能成真，或者即使成真了你也有办法解决。

即便如此还是担心的话，就找身边的人商量商量吧。以前，在我经常焦虑的那段时期，我的担心常常会莫名其妙地出现，这时我身边的人会帮助我冷静地分析状况。是他们告诉了我，我所担心的事情其实根本就不可能发生。

为了未来不卷入麻烦而规避风险确实是很有必要的。但是没有必要一个劲儿地担心。

如果想和朋友一直保持亲近的话，不如分析一下一直以来你们是如何保持友好关系的吧。比如你们因为共同的兴趣而交好，那么即便你未来变得忙碌，无暇和朋友频繁交流，只要能不放弃你们共同的兴趣就没有问题了。

如果不想被裁员的话，不如调查一下每个月需要提升多少业绩才不会被裁员，然后提高你的工作技巧，或者向能干的前辈请教经验。

虽然无法保证担心的事情绝对不会发生，但只要去思考对策，担忧成真的概率一定会降低，随着概率不断降低，渐渐地，你会不再对各种事情杞人忧天、焦虑不安。

养成新的习惯吧

把担心的事情写出来，问一问周围的人你担心的事情有多大概率能成真。

与他人攀比

"我比那个人赚得更多。"

"我想比那个人更出色。"

我们总会与他人比较。

与人攀比时可能是只有当高人一等时才感到放心，也可能会把比较当作前进的原动力。

不论如何，爱与人攀比的人本质上都是把别人当作自我评价的标尺。

但是，把自己和别人做比较其实是一件无意义的事情。

因为，只要时间和地点一改变，那么比较的对象也会

改变。也就是说，比较的对象是无穷尽的，人外有人，天外有天。

一旦养成了与人比较的习惯，那就相当于陷入了被他人左右的境地。随着比较对象的变化，你的心境也会一直处于不稳定的状态。

要想为脱离这个坏习惯做出努力，你要做的是**不与别人比较，只与过去的自己做比较**。

也就是说，用自己作为自我评价的标尺。

要做什么事情时就在自身内部做相对比较。比较的对象本来就没有必要限定为他人。相对比较也不是什么难事，其实就是把现在的自己与过去的自己做比较。

比过去多做一点工作、比过去多花一点时间、比过去多花一点心思。努力和过去的自己做比较，就是这么一回事。

如果发现自己比过去的自己更厉害了一些，这就是你成长的证明。

如果发现自己和过去相比没有变化，这也是你没有退步的证明。

把比较对象从别人换成自己后，你应该会发现自己的心理负担减轻了不少。

当然，不乏有人具有强烈的上进心，想要胜过他人。这样的话你就把好胜心化为动力，不断进步吧。

这时你要注意，定下两个与人比较的参照面。

另外，不要只顾着根据参照比出个胜负，更重要的是学会与人拉开差距的技巧。

与人比较时你肯定会定下可以拿来比较的参照面，也就是怎么算赢怎样算输。拿商品打比方，参照面可能是价格或者质量。

你需要定下两个，而不是一个这样的参照面。

在**对方占优势**的参照面上，你需要追求的是与对方达到同一水准。

在**对方占弱势**的参照面上，你需要追求的是努力比对方更胜一筹。

这就是经典的**差别化策略**，一种与人拉开差距的方法。

　　举一个现实的例子。如果在对方更擅长的招揽新客户上，你要去追赶对方的水平。如果你擅长维护老客户的关系，你要保持压倒性的领先地位。通过一平一高来展现你的优势地位。

　　像这样定下两个参照标准，你就能采取差别化策略，与人拉开差距。

养成新的习惯吧

　　与过去的自己做比较。如果无论如何都想和别人决出胜负，那就采取差别化策略吧。

说他人的坏话

你的身边有没有爱说别人坏话的人呢？

对于这样的人，你是喜欢，还是讨厌呢？

遇到这样的人，你的心情会变好，还是变差呢？

这些问题的答案应该不需要挑明吧。

但是，有时候人们就是忍不住想说别人的坏话。

这往往都是在积攒了压力的时候。

想说坏话，其实是提醒你积攒了过多压力的警钟。但是说坏话却不能帮助你排解压力。

何止是没有任何效益，说坏话还会带来负面影响。一不小心说出太过分的话之后，想要修复关系可就没有那么

容易了。结果就是你反而囤积了更多的压力。

那么，面对想要说坏话的冲动时，我们应该怎么做才好呢？既然这番冲动的根源在于压力，那么答案自然是去解决压力。到目前为止，本书已经介绍了多种排解压力的方法。在此，再介绍一个缓解烦躁情绪特别有效的方法，那就是**活动身体**。

可能这个方法听起来平平无奇，但意外地很有用。当你尝试之后，你就会发现烦躁情绪都消失不见了。

被上司或者客户无理纠缠后，怎么也无法顺利进入工作状态，而且对别的工作也丧失了干劲。在工作中少不了碰到这种情况。

这时候试着在公司里四处走动走动，出去买点东西，去稍远的地方散散心吧。爬一爬楼梯也是有用的。

我发现这个诀窍的契机是有一次我正好需要去远处取东西。一边走着，一边发现刚刚想要说坏话的冲动已经烟消云散了。

"咦，不知不觉间心情好多了。"我不禁这么想。

其实这个诀窍在脑科学研究中已有证明。

有氧运动有助于刺激大脑分泌俗称"幸福荷尔蒙"的血清素。

所以，当你下次再有说坏话的冲动时，你可以站起来走动走动，一边走路一边小声抱怨也没有关系，重要的是运动到你恢复平静为止。就算你已经办完了取东西、买东西这些事情，怒气未消也不要停下来。

想说坏话证明心里有压力。这时候，先尽可能地活动身体吧。

然后压力的连锁效应和说坏话的恶性循环就会被止住。

 养成新的习惯吧

烦躁时活动下身体。

碰到好机会却掉链子

好不容易迎来了难得的好机会，却在关键时刻使不出全力。试想，在比赛中看到迎来关键时刻的运动员时，我们都会想：快加油！可是一旦轮到自己却会掉链子。然后因为失败而陷入自我嫌恶。每个人都或多或少有过类似的经历吧。

事实上本来就没有人能在机遇面前百发百中。就拿运动打比方，再厉害的棒球打手，他的命中率也只有三成左右。也就是说，10次机会有7次会被错过。

即便站上了击球点，还是错失机会的概率更大一些。

但这些球员不会因为没有击中就自我嫌恶，陷入失落。他们不会自我否定，而是思考下一次应该怎么击球，怎么带领队伍走向胜利，每日积极地训练。

虽然运动和工作不是一回事，但是通过这个例子你应该能明白其实并不是只有你会在机会面前掉链子。所以，不用每次失败后都否定自己，心情低落。

比起结果，**勇敢挑战才是最重要的**。

不站上击球位置挥动球棒，你就不可能击中球或者打出全垒打。不击中球，球就不可能冲向终点。

不采取行动，那么成功百分之百不会出现。

另一方面，就算错失机会的可能性更高一些，只要你采取了行动，那么就有抓住这次机会的可能。

自我否定的习惯本来就容易让你在关键时刻使不出全力。所以你更要相信自己，**坚定地朝着机会迈出第一步**。

话虽如此，当你实在担心和害怕时，还是向别人请求帮助吧。

"我实在是没什么自信，所以想拜托你协助我。"

你没有必要硬是一个人扛下所有。

工作也好，私生活也好，在他人的帮助下抓住机会也是可行的。

　　毕竟你不是在参加单人比赛。就像橄榄球赛场上的战术一样，既然一个人无法突破防线，那么就由多个队员一起努力冲向终点。协力合作取得成功也未尝不可。

　　只要你不逃避挑战，就算你不相信自己，身边也总会有人像队友一样协助你。

　　即使借助了他人的帮助，只要体会到了成功抓住机会的滋味，你就会建立起自信。这样一来，你会渐渐地驾轻就熟，总有一天能做到独立抓住机遇，甚至还能成为别人的协助者。

　　总之一定要多次站上击球的位置，不放弃每次挑战。这就是不让机会溜走的最高效的办法。

养成新的习惯吧

　　放手去挑战，周围会有人来帮助你。

在人前发言时紧张不安

我经常在观众众多的讲座和研讨会上发言，却不会紧张。因为这一点，我有幸得到他人的夸奖，但其实我不紧张的原因只是习惯了而已。

一开始任谁都会紧张。

但是在经验次数的累积中，紧张情绪会渐渐地减少。

所以，要克服发言紧张，**你需要的不是勇气，而是次数**。

话虽如此，如果在人前发言的机会本就很少，那么要想累计一定次数克服紧张可要花不少时间。

而且，人们很难心甘情愿地为了练习而去做令自己紧张的事情。

所以，在此我要介绍一个可以轻松地增加经验次数的方法——**想象训练法**。

比如可以一边看着比赛中途的运动员采访，或是艺人的新闻发布会，一边想象如果自己是当事人，应该怎样回答问题。

也可以看Ted讲座，或者其他有众多观众的演讲。

重点是尽可能真实地在脑中再现现场的场景。

数百人、数千人，甚至数万人的观众。簇拥的麦克风，还有一排排摄像机。

想象得越具体，你就越能体会到身临其境的紧张吧。这就是你要追求的效果。然后再想象自己成为焦点，被记者簇拥着提问。在这些假设的前提下张口发言吧。

为了准确、清楚地向听你说话的人传达你的意志，请一字一句地认真发言。不能因为只是想象训练就偷懒。

发言结束后，接着复习一遍。

下一步，一边想象着刚才的场面，一边把你看到的艺人、运动员或者演讲者刚刚说的话复述一遍。不用句句准确，重点是不要感到羞怯，尽量再现他们的语气和身体姿态。

习惯这个方法之后，你就可以真正付诸实践了。

当你需要在很多人面前演讲前，请告诉自己你要登上的是和之前想象中一样的大场面。

这样一来，多数时候你会发现实际情况比你想象中的要轻松得多。你会想：其实人挺少的嘛！

然后，在多次实践后，你会渐渐习惯在人前发言，不再感到任何抗拒和紧张。

不论是爽朗地回答提问的运动员和艺人，还是帅气地在人前夸夸其谈的前辈，都是多亏了积累经验才能如此。

就算没有实际体验，依靠想象训练也能达到类似的效果。踏踏实实地重复想象训练，不断增加经验次数，总有一天你会不再因为在人前发言而感到紧张。

养成新的习惯吧

使用想象训练法，反复练习，积累经验，努力克服紧张。

总想做个老好人

完全不在意他人目光的人恐怕只有极少数。绝大部分人多多少少都会在意他人的目光。

为什么会在意呢?

这是因为我们想让别人认为我们是个好人。

为此,有时候我们甚至不惜委屈自己,忽略自己的意愿而去迎合他人,结果令自己身心俱疲。

可是,就算一味地迎合他人,别人也不会把你当作好人。

一味迎合的人,与其说是个好人,不如说是个好对付的人。

既然想要让对方觉得你是个好人，你就应该<u>清楚地表</u><u>达自己的意愿</u>。

如果你真的看重对方，那么你要做的不应该是迎合，而应该是让对方了解自己的想法，这样对对方更有好处。

没有人需要应声虫。难吃的话就告诉对方难吃，向对方提出改进的建议，这样才是真正地为对方着想。

这样一来，你应该明白比起迎合，恰当地提出意见才是更好的选择。

不过，说出自己的意见也有导致双方出现争执的风险。所以，有时不愿意清楚地表达自己的意见也可能是为了规避这种风险。

在此，我就介绍一个既可以表达自己的想法，又能不破坏关系的神奇句子吧。

我觉得没什么问题，只是有一个地方令我有点在意……

然后等待对方的反应。

使用这句话的重点是不要主动说出后半句话。等待对方问你"什么地方"之后，你再表达自己的意见。

说不定你已经知道了，其实还有这种事例……

假设变成这种状况的话……

像这样回答就可以了。

你的话语中一定要有两层潜台词。首先是"我觉得没什么问题"，然后是"我相信你肯定已经考虑过这一点了"。

这时你再提出你的意见，听起来就不会像是向对方施加你的观点，而只是在亲切地关心对方，为对方着想。

表达自己的意见时，如果对方拒绝接受，那就没有意义了。

所以，提出意见的真正目的不是强迫对方接受，而是提供让对方发现问题的契机。

　　这样一来，你应该明白不是只有争论才能作为表达意见的手段。

　　而且让习惯迎合的人突然去与别人争论也没那么容易。

　　只要不去一味地迎合，为对方着想就足够了。

 养成新的习惯吧

清楚地表达自己的意愿，做一名为他人考虑的人吧！

不会拒绝他人

"我无法胜任。"

"很抱歉！"

有时候，我们不得不像这样拒绝他人的委托。

但是长大成人后，我们总是想尽可能不去破坏人际关系，所以反而很难拒绝，结果积攒了不少压力。

对此，我推荐的方法是，如果在别人委托你时你就已经感到力不从心的话，请立马说一句"很抱歉"，然后拒绝对方。

就是这么简单，没有什么高深的技巧。

唯一的重点是马上拒绝并且表达歉意。

比起在意怎么修饰语言和维护人际关系，最优先要做的是马上拒绝。

这世上有许许多多的替代品。

如果用不了A公司的电脑，还可以用B公司的电脑。如果用不了C公司的手机，还可以用D公司的手机。同样，如果对方被你拒绝，还有其他人可以替代你。虽然有些遗憾，但事实上很少有什么事情是非你不可的。

所以，就算被你拒绝，对方还有其他替代选项，不至于像你想象中那么困扰。

你可能会觉得我啰唆，但我还是要再强调一遍，一定要立刻拒绝。

试想你要去参加工作洽谈会，结果乘坐的地铁遭遇了事故，停在了半路上。

如果能立刻知道地铁一时半会儿都不会再次运行，那么你就能换乘公交、出租车等别的交通工具前往目的地。

但是，如果都快到谈判的时间了才发生事故，你还能游刃有余吗？有很多人在等待公交和出租车，所以不可能马上换乘。没有充足的时间寻找和使用替代手段，自然会很困扰。

再想一想自己向别人委托某事时的情况吧。等到距离委托已经过去了一段时间，都已经到了事情最后的节骨眼上时，对方才说"抱歉，我无法胜任"，那么就算这份工作任谁都可以做，你的选择范围还是会受限，搞得你很困扰。

如果你对拒绝别人感到抱歉，那就尽可能地**帮对方寻找替代方法**。

比如，就我而言，如果我拒绝了采访的委托，我会向对方介绍其他的采访对象。换言之，拒绝了这一件事，那就提议另一件自己能做的事。这样一来，被拒绝的一方也会心情好一些，不至于听到"不行""做不到"这样的回复而受到打击，而且还会觉得我们在力所能及的范围内提供了帮助。

 养成新的习惯吧

　　尽早拒绝，帮助对方寻找替代方法。

不停地后悔

"那时候要是那么做就好了……"

你是不是会这样想着，后悔已经发生的事情？我也经常这样。

但是，自从我意识到不管怎么后悔已经发生的事情都无法改变定局之后，我便戒掉了为过去后悔的坏习惯。

不如说，现在的我和曾经爱后悔的我刚好相反。我一直在思考未来的事情。

如果这一步走得不顺利，那么我该怎么做？

如果对方这样回复我，那么我该做何反应？

如果这个计划遭遇了瓶颈，那么下一步该怎么推进？

我确实没办法改变自己东想西想的习惯。

但是，只要**改变一下思考的方向**，那想太多也不是一件坏事，甚至可以说是深谋远虑。

即便翻来覆去地想过去的事情，你能从中获益的情况也很少。因为不可能再出现和过去完全一样的情况。而且，不论想多少遍，你都无法改变已经发生的事情，所以后悔过去是完全没有意义的。

既然如此，还不如把这份心思放到未来，想一想未来的事情，这倒还有改变的可能。

人无法一心二用。如果脑子里装的都是未来的事情，就不可能沉浸于过去的事情。

当你开始为过去感到后悔，开始想"要是这么做就好了"时，就请把你的视线转向未来吧。

只要稍加练习，这就不是什么难事。

另外，虽说把目光转向了未来，也不代表你不能从过去吸取经验教训。

人的思考材料由自身的经验和知识组成。

即便你思考关于未来的事情，思考过程中你参考的也是过去的思考材料，也就是说你在根据过往的经验去模拟和想象未来。

在你翻来覆去地设想未来的时候，实际上你也正在反省过去。

但是，有一点需要注意的是，不要只顾着设想消极的未来。如果思想太悲观，那么你就会对未来倍感压力。你确实没有必要为了不见得会发生的事情而焦虑。

设想消极的事情本身并没有问题。重点是**你的思考不应该在想到坏事、感到担心时就停下来，你应该继续思考如何让事态向好的方向发展，想出具体的对策**。

跨越过这道坎，想到解决问题的对策，未来在你眼里就会明朗许多。

之后，如果你设想的事情真的发生了，你就可以平心静气地处理问题。

从现在开始，不要再后悔过去，把你的想象力和心思都放在未来吧。

养成新的习惯吧

不要总想着过去，多想一想未来。